广告影视表演

董肖宇　编著

中国纺织出版社

内 容 提 要

本书以图文并茂的形式，对模特在广告拍摄中的眼神训练、面部表情训练、徒手造型训练、有道具的造型训练、有情境的造型训练，以及影视表演中的观察力、感受力、注意力、想象力的训练，无实物表演练习，人物模仿练习，观察生活练习，小剧本练习等做了详尽的阐述。

本书具有较强的实践性和可操作性，既可作为高职高专服装表演专业教材，也可作为模特培训机构、模特经纪公司等相关人士的实用参考书。

图书在版编目（CIP）数据

广告影视表演／董肖宇编著.—北京：中国纺织出版社，2012.8 （2013.5 重印）

浙江省示范教材

ISBN 978-7-5064-8528-9

Ⅰ.①广…　Ⅱ.①董…　Ⅲ.①时装模特—表演艺术—高等职业教育—教材　Ⅳ.①TS942

中国版本图书馆 CIP 数据核字（2012）第 065791 号

策划编辑：秦丹红　　责任编辑：范雨昕　　责任设计：李　然

责任印制：何　艳

中国纺织出版社出版发行

地址：北京市朝阳区百子湾东里A407号楼　邮政编码：100124

邮购电话：010—64168110　传真：010—64168231

http：//www.c-textilep.com

E-mail：faxing@c-textilep.com

北京通天印刷有限责任公司印刷　各地新华书店经销

2012 年 8 月第 1 版　2013年5月第2次印刷

开本：787 × 1092　1/16　印张：7.25

字数：112 千字　定价：35.00 元

前言

我国的服装表演行业从20世纪80年代诞生，到今天才不过三十几年的时间，但是我国的模特行业却发展迅速。近几年，我国出现了不少世界级名模，同时众多的模特经纪公司，模特培训机构，模特专业的中、高等教育院校不断涌现，但是整个模特行业还是处于初级阶段。模特行业的规范、职业道德准则、模特教育理论、模特教学教研工作等都还处于探索阶段。目前，针对模特培训的系列教材相对比较缺乏，尤其适用于高职院校服装表演专业的教材更是少之又少。随着服装行业的繁荣，商品经济的发展，市场多元化、多层次发展的需要，模特的分工和社会需求也越来越具体。这些都要求新时代的模特必须具备舞台表演和镜前表演的综合素质，能拍平面照、能拍广告片、能参加综艺演出、能做商展服务等。而培养专业能力过硬、专业知识全面、综合素质全面的模特是行业、院校的共同愿望。

作为本书的编著者，从事模特教育事业已经十年有余，在日常教学工作和教学改革中积累了一定的经验。本书根据高等职业教育侧重实践教学与案例教学的特点，有针对性地对模特在平面广告拍摄中的表情训练、造型训练、影视表演基础训练以及商展服务训练做了系统的介绍和阐述。

在本书的编写过程中，浙江纺织服装职业技术学院服装表演专业2010级华世意、王琳凤、刘晓红、蔡晓意同学，以及2011级丁茜琳、李艺、李佳伟同学参与了本书所配图片的拍摄工作，对于他们的辛勤付出，在此一并表示感谢。

由于编写水平有限，书中难免有疏漏、不足之处，敬请读者批评指正。

董肖宇

2012年于宁波

目录

第一章　平面广告造型训练

第一节　眼神的练习

俗话说 :“眼睛是心灵的窗户”，对于一个模特来说，眼神是传达感情的唯一通道。模特不同于舞蹈演员，可以用丰富的肢体动作来传情达意；模特也不同于歌唱演员，可以用善于变化的音高和曲调来传递情感。对于一张好的平面广告作品而言，模特的眼神是否到位，往往起着画龙点睛的作用。这就要求我们模特的眼睛能够“会说话”，能够通过眼睛周围肌肉的细微变化来表达不同的情感。

练习一　眼睛控制的练习

同学们可以选择一个舒适的姿势，或站或坐于镜子前，然后根据教师的语言提示来活动眼睛。

1. 从平视镜子开始，教师提示“平视前方，看到很远很远的地方，眼睛自然放松”。

2. 教师提示“眼睛慢慢用力，紧张起来，收回视线，瞪着镜子里的自己，保持”。

3. 教师提示“眼睛慢慢放松，回到自然松弛、平视前方的状态”。

4. 然后眼睛分别向上、右上、右、右下、下、左下、左、左上 8 个方向，分别做“放松—紧张—放松”的练习。

5. 然后可以反方向再做一遍。

6. 几次练习之后，彻底放松，闭上眼睛休息片刻。

练习二　眼睛转动的练习1

选择一个舒适的姿势，或站或坐于镜子前，然后根据教师的语言提示来转动眼球，眼球在眼眶里上、左、下、右来回转动。包括定向转、慢转、快转、左转、右转等。

1. 眼睛向正前方看，由正前方开始，眼球移到左眼角，再回到正前方，然后再移到右眼角。如此反复练习。

2. 眼球由正前方开始，眼球由左移到右，由右移到左。反复练习。

3. 眼球由正前方开始，眼球移到上（不许抬眉），回到前。移到右，回到前。移到下，回到前。移到左，回到前。再反复练习。

4. 眼球由正前方开始，由上、右、下、左按顺时针转动，每个位置都要定住。眼球转的路线要到位。然后再按逆时针转动，反复练习。

（1）左转：眼球由正前方开始，由上向左按逆时针方向快速转一圈后，眼球立即定在正前方。

（2）右转：同左转，方向相反。

（3）慢转：眼球按同一方向慢转，在每个位置、角度上都不要停留，要连续转。

（4）快转：方向同慢转，不同的是速度加快。

5. 以上训练开始时，一拍一次，一拍两次，逐渐加快。但不要操之过急，正、反都要练。

练习三　眼睛转动的练习2

选择一个舒适的姿势，或站或坐，然后根据教师的语言提示来转动眼球，眼睛要像扫把一样，视线扫过的东西都要全部看清。

1. 慢扫眼：在眼睛前 2~3 米处，放一张画或其他物品。头不动，上眼睑抬起，眼球由左向右，做放射状缓缓横扫，再由右向左，四个节拍一次，进行练习。视线扫过所有的东西尽量一次全部看清。眼球转到两边位置时，眼球一定要定住。逐渐扩大扫视宽度，两边向眼外角可增视 25°，头可随眼走动，但要平视。

2. 扫眼：要求同慢扫眼，但速度加快。由四拍到位，加快至两拍到位。还可结合不同的眼神练习进行表演及小品练习。

3. 初练时,眼睛稍有酸痛感。这些都是练习过程中的正常现象,其间可闭目休息 2~3 分钟。眼睛肌肉适应了，这些现象也就消失了。

4. 常言道："手之所至，腿随之；感情所至，心随之；心之所至，感情随之；感情所至，味随之。"在训练中要注意结合感情表现，进行眼睛训练。

练习四　不同"看"的练习

同学们可以选择一个舒适的姿势，或站或坐于镜子前，然后根据教师的语言提示来做出相应的眼部动作及眼神。

1. 根据教师的提示，分别做出"瞪、盯、眯、盼、瞟、瞧、瞅、眺、睬"等不同的眼部动作。

2. 从一些微小的细节来区别这些"看"的不同动作，对于一开始训练的同学来说会是一件比较困难的事情。可以通过查阅词典，先从"字面"的意思上理解不同的含义，再从中找出区别，这样练习起来就容易多了。

3. 在能够区别这些不同的"看"的动作以后,同学之间也可以"两两一组"互相帮助来训练。一个同学说出一种"看"的动作，另外一个同学能够马上做出相应的"看"，由此来锻炼眼睛的灵活性和反应能力。

练习五　眼神情绪的练习

同学们可以选择一个舒适的姿势，或站或坐于镜子前，用一张白纸挡住眼睛以下的部分，根据教师的语言提示，通过眼神做出相应的情绪。

1. 根据教师的提示，分别做出"渴望、盼望、享受、若有所思、沉思、沮丧、痛苦、欢乐、激动、疯狂、麻木、呆滞、惊讶、惊喜”等眼神。

2. 以“两两一组”互相帮助来进行训练。

3. 教师也可以选取几个相近的“情绪”，要求学生做相应的眼神区分，来增加训练的难度。

提示：眼神的表达通常有以下几种规律，例如：

1. 眼皮开启，眼球用力大小——大开眼皮、眼球用力：惊愕，愤怒，仇恨；
大开眼皮、眼球放松：可爱，开心，欢畅；
小开眼皮、眼球用力：算计，狡诈；
小开眼皮、眼球放松：欣赏，快乐，色眯眯。

2. 眼睛眨动速度快慢——快：不解，调皮，幼稚，活力，新奇；
慢：深沉，老练，稳当，可信。

3. 目光集中程度——集中：认真，动脑思考；
分散：漠然，木讷；
游移不定：心不在焉。

4. 目光持续长短——长：深情，喜欢，欣赏，重视，疑惑；
短：轻视，讨厌，害怕，撒娇。

第二节　面部表情的练习

面部表情是平面模特表现情绪的主要手段，也是平面模特造型训练的重要基础。面部表情是否能够达到摄影师的要求，能否表现你的内心情绪，是衡量一个平面模特优秀与否的重要指标。我们可以通过以下的训练，来帮助自己很好地控制面部肌肉，表达内心情绪。

练习一　情绪的练习

同学们可以选择一个舒适的姿势，或站或坐于镜子前，根据教师的语言提示，通过控制面部表情的肌肉，做出相应的情绪。

1. 根据教师的提示，分别做出“渴望、盼望、享受、若有所思、沉思、沮丧、痛苦、欢乐、激动、疯狂、麻木、呆滞、惊讶、惊喜”等面部表情。

2. 以“两两一组”互相帮助来做训练。

3. 教师也可以选取几个相近的“情绪”，要求学生做相应的面部表情区分，以此来增加训练的难度。

4. 面部表情一定是和内心情绪相吻合的，只有内心情绪的饱满，才能使得面部表情具有感染力和真实性。因此，我们在做这些表情训练时，一定要给自己假设相应的“情境”，内心情绪要进行相应的模拟，集中注意力，把所有的注意力放到所要完成的情绪中去。

5. 刚开始做这些练习时，你会觉得很难，很容易受到外界的干扰，不能够很好地集中注意力。这时，不要着急，试着闭上眼睛把自己放到假设的情境中去体会，然后睁开眼，按照在瞬间体会到的直觉去完成“表情”。

练习二　笑的练习

同学们可以选择一个舒适的姿势，或站或坐于镜子前，根据教师的语言提示，通过控制面部表情的肌肉，做出不同的“笑”。

1. 根据教师的提示，分别做出“微笑、浅笑、大笑、甜蜜的笑、幸福的笑、青涩的笑、哈哈大笑、狂野的笑、狠笑、慈祥的笑、性感的笑、坏笑”等不同的“笑”。

2. 以“两两一组”互相帮助来进行训练。

3. 教师也可以选取几个相近的“笑”，要求学生做相应的面部表情区分，以此来增加训练的难度。

4. 学生可以一个个单独进行练习，由教师随机抽取表情要求，要求能够立刻做出相应的“笑”，并保持 3 秒钟。

练习三　表情与手的配合练习

在做完面部表情的训练之后，可以加上“手”的造型，以此来辅助面部表情的情绪表达。还是在镜子前选择一个舒适的姿态，或站或坐，根据教师的要求，分别做出不同的情绪。（图 1~ 图 14）

图 1　性感

图 2　思考

图 3　温柔

图 4　幸福

图 5　俏皮

图 6　若有所思

图7　高贵

图8　自信

图9　向往

图10　窃喜

图 11　遐想

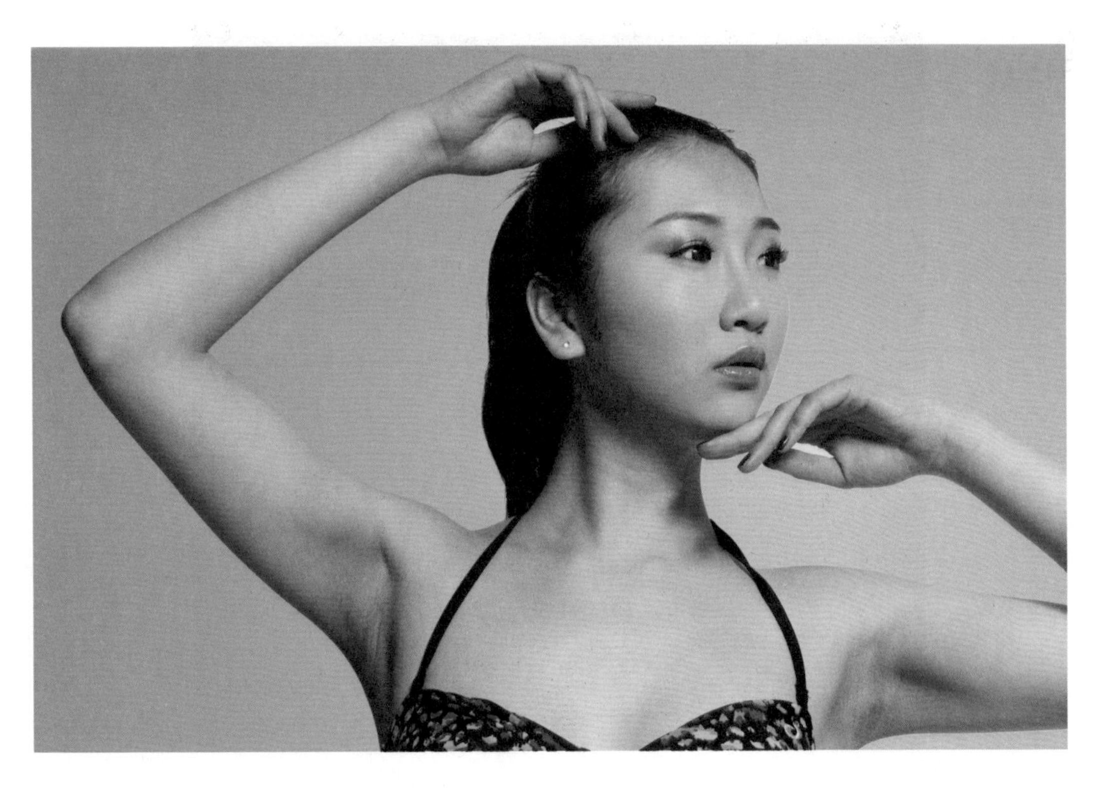

图 12　麻木

图 13　眺望

图 14　茫然

1. 根据教师的语言提示，分别做出“欢乐、痛苦、思考、沉思、野性、颓废、麻木、茫然、兴奋、惊讶、高贵、冷漠、享受”等表情。

2. 每个面部表情必须搭配一个合适的“手”的造型。

3. 同学之间“两两一组”互相帮助来进行训练。

4. 教师也可以选取几个相近的表情，要求学生做相应的面部表情区分，以此来增加训练的难度。

5. 学生可以一个个单独进行练习，由教师随机抽取表情要求，要求能够立刻做出相应的“情绪”，并保持 3 秒钟。

6. 当有练习者在台上进行单独练习时，台下的同学要认真观察。同一种“情绪”可以有几种不同的“表情”表达方式，也可以搭配几种不同的“手型”。这是一个很好的学习过程，要学会在练习中对比自己的确定与不足，吸收他人的长处。

第三节　徒手造型练习

徒手造型训练是指在平面广告造型训练中，不搭配道具、不借助情境的造型训练。可以分为站姿、坐姿、蹲姿、地面造型等几部分来进行训练。具体练习要求如下：

1. 头部和身体尽量不在一条直线上。否则，拍出来的画面容易使人产生呆板、僵硬的感觉。因此，当身体正面朝向镜头时，头部应该稍微向左或向右转一些，照片就会显得优雅而生动；当你的眼睛正对镜头时，让身体转成一定的角度，会使画面显得有生气和动感，并能增加立体感。

2. 双臂和双腿尽量避免平行。无论是坐姿还是站姿，千万不要让双臂或双腿呈平行状，因为这样会让人有僵硬、机械之感。可以选择一曲一直，或两者构成一定的角度。这样，拍出来的平面照片既有动感，姿势又富于变化。

3. 尽量让体型曲线分明。对于平面模特来说，表现其富于魅力的曲线是很有必要的。通常选择一条腿为主力腿，另一条腿选择前点地，或旁点地，或与主力腿交叉，或微微抬起靠住脚踝或膝盖等姿势；臂部稍稍侧转，使得臀部不会显得很宽。腰、肩膀、脖子、下巴等进行辅助。

4. 坐时身体要挺拔。除了摄影师的特殊要求以外，坐时要能够做到挺胸收腹，尽量不要全部坐进椅子里，否则腿部的肌肉会因为挤压而变形，拍出的照片会显得腿较粗壮。

5. 手型要注意细节。平面照片讲究细节的处理，尤其是手的造型。一张平面照片其他部分都很完美，但是模特的手部造型与身体姿势不协调，或者是手指蜷缩着没有打开，这样就会破坏了照片整体的美感。平面模特在拍摄过程中，手部造型总的原则是：细长、流畅、优美。

练习一　站姿练习（图15~图24）

图 15

图 16

图 17

图 18

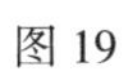
图 19

图 20

图 21

图 22

图 23

图 24

练习二　坐姿练习（图25~图36）

图 25

图 26

图 27

图 28

图 29

图 30

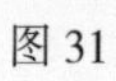

图 31

图 32

图 33

图 34

图 35

图 36

练习三　半蹲与跪姿的练习（图37~图42）

图 37

图 38

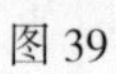

图 39

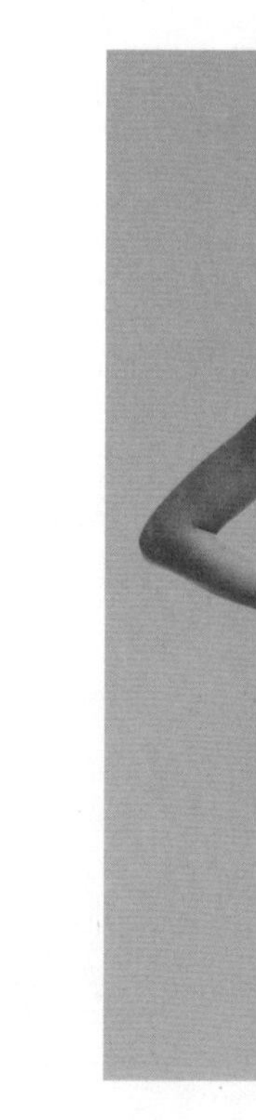

图 40

图 41

图 42

练习四　地上坐姿造型练习（图43~图46）

图 43

图 44

图 45

图 46

第四节　有道具的造型练习

模特在拍摄平面照片的过程中，经常需要结合服饰配件、道具来展示服装的内涵、设计示意图、设计亮点及搭配特点等。作为一个优秀的平面模特，要能够把服饰配件、道具与自身身体的造型相结合，还可以把这些服饰配件、道具运用得出神入化，起到画龙点睛的作用。这就需要我们在平时多看、多想、多练。

1. 多看：要把翻阅时尚杂志、搜集时尚大片、浏览时尚资讯网站作为每天的必修课，只有看得多了，积淀得多了，在镜头前才会从容不迫，不会出现手足无措、大脑一片空白的情况。

2. 多想：在翻阅大量图片资料的时候，不能只是看看就过去了，而是要去琢磨每一张图片、每一个造型。他（她）们好在哪里？我可以做到吗？这个姿势是怎么摆出来的？这个表情怎么才能做到位？这个眼神需要什么样的心理情绪铺垫才可以完成？只有把别人的优点琢磨透了，才能化成你自己的积淀。一个愿意动脑筋的模特一定会比其他模特成长得快，拍的片子也会越来越“形神兼备”。

3. 多练：一个优秀的平面模特一定是从“多练、多拍”走过来的，而对着镜子练习则应该是每天必须完成的功课。翻开你搜集到的图片，对着镜子先来模仿动作，再模仿眼神；当全部细节都模仿到位了之后，彻底放松自己；再在瞬间完成刚才模仿的动作，要求自己的动作、眼神同时一拍到位；再对照模仿的图片，和镜子里的自己有哪些不同之处；几次反复后，再来模仿下一张图片。当你刚刚开始平面模特的训练时，一定要学会“看镜子”，从镜子中发现自己的优点、缺点、动作的错误、造型的不足等。“镜子”是你最好的老师。

练习一　帽子

模特可以选择手持、戴于头上，或放于身体的某一部位，如肩、胸前、膝盖等，同时可以将手放于帽子附近，起到提示设计亮点的作用（见图 47~ 图 62）。

图 47

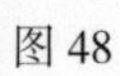

图 48

图 49

图 50

图 51

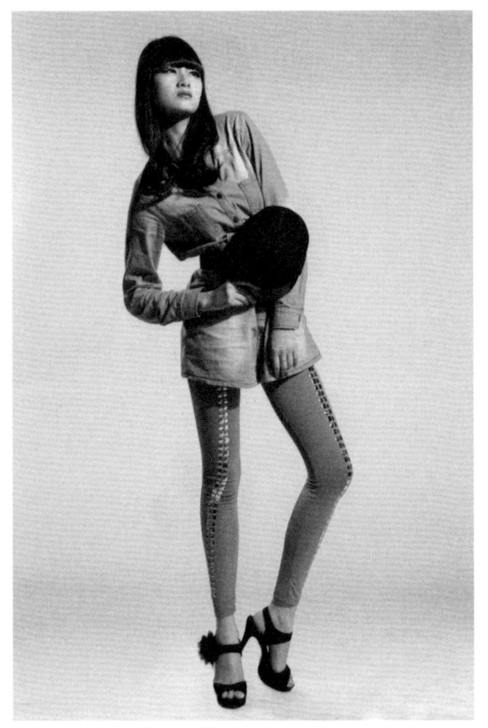

图 52

图 53

图 54

图 55

图 56

图 57

图 58

图 59

图 60

图 61

图 62

练习二　手包

小巧的手包多用于搭配小礼服或晚礼服，因此，在展示时要注意表现高贵、典雅、冷艳等气质。拿包的手型可选择捏、握、提、拎、挂等（见图 63~ 图 72）。

图 63

图 64

图 65

图 66

图 67

图 68

图 69

图 70

图 71

图 72

练习三　包

相对体形较大的包，可以充分利用其自身的结构，采用拎、提、挎、背等姿势。但要记住，无论采用何种姿势，被展示的包都应始终处于主导地位，多位于模特身体之前（见图 73~ 图 85）。

图 73

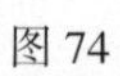

图 74

图 75

图 76

图 77

图 78

图 79

图 80

图 81

图 82

图 83

图 84

图 85

练习四　珠宝

展示珠宝时，摄影师多采用近景、特写等拍摄手法，因此，模特的表情、眼神与珠宝的相互呼应非常重要。手的动作多位于眼睛、鼻尖、脸颊、耳朵、脖颈、下巴、双肩、上臂等位置（见图 86~ 图 94）。

图 86

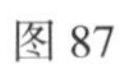

图 87

图 88

图 89

图 90

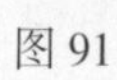

图 91

图 92

图 93

图 94

练习五　香水

香水的展示原则基本与珠宝展示相同（见图 95~ 图 100）。

图 95

图 96

图 97

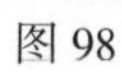

图 98

图 99

图 100

练习六　电子产品

展示电子产品时应注意手持产品时的手型，手不能遮挡产品的线条，手指应尽量伸展，手臂到手指的线条流畅（见图 101~ 图 113）。

图 101

图 102

图 103

图 104

图 105

图 106

图 107

图 108

图 109

图 110

图 111

图 112

图 113

第五节 有情境的造型练习

在进行有情境设定的造型时,应注意调整情绪与情境相吻合,如“运动场上”,可表现兴奋、紧张、心潮澎湃等情绪，模特可采用跳跃、跨步、挥拍等动作，并多用动态抓拍的摄影形式，也可抓拍某一运动的瞬间，如跑步、瑜伽等。

在进行有情境设定的拍摄任务时，要把情绪与情境相吻合放在第一位，然后才是动作造型符合情境要求。

练习一 寒冷的冬天（图114~图123）

图 114

图 115

图 116

图 117

图 118

图 119

图 120

图 121

图 122

图 123

练习二　热情的沙滩（图124~图135）

图 124

图 125

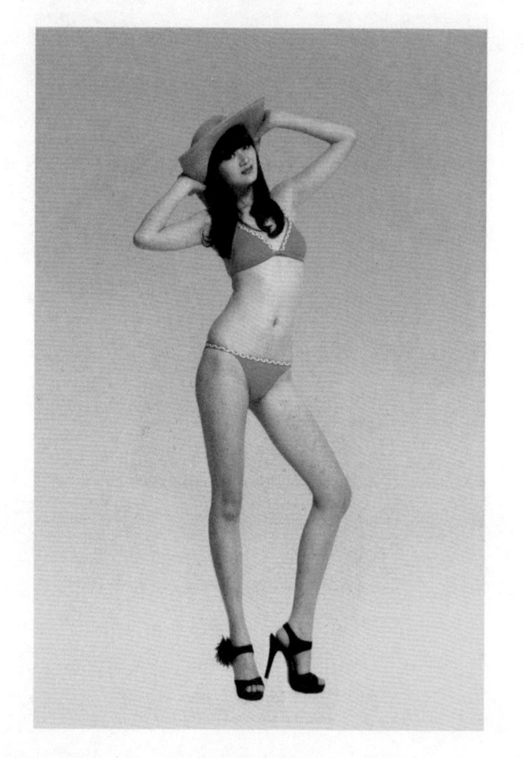

图 126

图 127

图 128

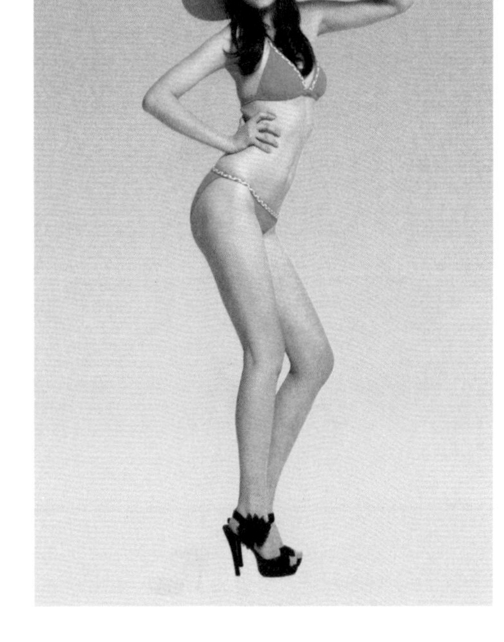

图 129

图 130

图 131

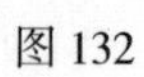
图 132

图 133

图 134

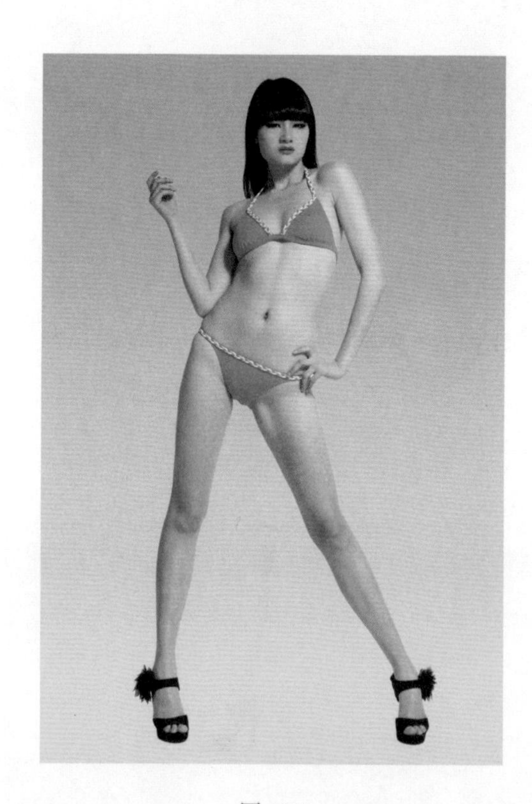

图 135

练习三　运动场上（图136~图143）

图 136

图 137

图 138

图 139

图 140

图 141

图 142

图 143

练习四 双人组合

双人组合造型中应注意两人的配合，多采用“一高一低”、“一前一后”“一左一右”、“一上一下”等对此构图，也可采用完全一致的“双胞胎”构图方式（见图144~图157）。

图144

图145

图146

图 147

图 148

图 149

图 150

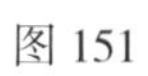

图 151

图 152

图 153

图 154

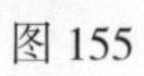

图 155

图 156

图 157

第二章　影视表演训练

第一节　观察力的练习

练习一　观察静物

教师选择一些物品分发给同学，然后给他们两分钟的时间认真查看手里的物品细节。时间到了以后，要求学生把手中的物品交还教师，然后背对教师、面对同学回答教师的提问。

1. 教师在选择被观察的物品时，尽量选择细节较多的静物，如照片、工艺品等。

2. 在提问的时候，可以把问题尽量细化，如物品的材质、样式、细节等。

3. 也可以让同学来提问，做练习的同学来回答，这样可以很好地调动课堂气氛，缓解学生初学表演放不开的紧张情绪，让同学们在轻松的课堂环境中完成练习。

练习二　观察情境

教师选择一些视频片段，通过大屏幕进行播放，要求学生仔细观察并记忆。视频播放完毕后，请同学们叙述所看视频的内容、环境、情节、人物、细节等。

1. 教师在选择视频时，可以选择风光、戏剧、影视、表演等多样的片段，但是片段中所包含的内容要多，尽量复杂。

2. 在提问的时候，可以把问题尽量细化，要求学生回答的语句要完整，不要支离破碎的语言。因为这也同时是一个锻炼语言表达能力的好机会。

练习三　照镜子练习

两位同学面对面站立，A 同学为照镜子的人，B 同学为镜子里的像。A 同学可以从简单的动作做起，如蹲下、站起、抬抬腿、挥挥手等。B 同学必须认真地模仿 A 同学的动作，跟上 A 同学的速度与动作变化。

1. 一开始练习的时候，动作的速度可以放慢，动作可以选择简单的。等到 A、B 同学相互之间的配合变得比较默契的时候，可以增加动作难度、加快动作变化的速度。

2. A、B 同学动作熟练后，可以互相调换角色。

3. 为了增加练习的难度，可以四人一组来完成该练习。A、B 照镜子，C、D 为镜子里的像。A 和 B 两人完成一些动作，如帮助穿衣服、帮助化妆等，C 和 D 应尽量跟上动作的变化，认真模仿 A、B 两人的动作。

4. 动作熟练后，可以互相调换角色。

练习四　静物模拟练习

同学们围坐在一起，由教师任选一位同学，来到中间用身体造型模仿任意一种静物，模仿完毕后，由其他同学来猜“他”所模仿的静物是什么，猜对后换下一位同学。

1. 在练习之前，可以先给同学们 5 分钟的思考时间。

2. 当学生第一次做该练习时,会无从下手,不知道该模仿什么。这时教师可以给一些提示，如可以模仿教室、家里、寝室、校园里见过的桌子、椅子、板凳、沙发、衣架、台灯、落地灯、小树、篮球架、垃圾桶等。

3. 要求每位同学选择的模仿静物都是不同的，当某位同学的模仿练习做得很像时，大家应该给予掌声鼓励。

练习五　动物模拟练习

同学们围坐在一起，由教师任选一位同学，来到中间用身体造型或动作模仿任意一种动物，模仿完毕后，由其他同学来猜“他”所模仿的小动物是什么，猜对后换下一位同学。

1. 学生第一次做该练习时，会无从下手，不知道该模仿什么，或者模仿动物的动作是“想象中的动作”而不是“真实的动作”。这时教师可以事先要求学生做观察练习，观察生活中的动物的动作特点、面部特征等。可以组织学生在课余时间去动物园观察，看“动物世界”等电视节目，或者动物主题的纪录片等。

2. 要求每位同学选择的模仿动物都是不同的，一开始的动作模仿会比较想象化，这个时候教师要适时地提醒并鼓励，引导学生去体会运用肢体语言来表达动作。

3. 在做练习时，教师也可以适当调动课堂气氛。如提示学生 3~4 人一组完成交流，模仿相互之间的嬉闹、打斗等动物群居生活。教师要鼓励学生“活起来、动起来”,不要“怕”,要“豁得出去”。

练习六　动作模拟练习

这个练习可以分组进行。8~10 人一组绕圈行走，行走节奏的快慢可以根据教师提供的背景音乐的节奏来进行。由一位同学作为动作变换的“引领者”，其他同学根据他的动作变换及时跟进模仿。当所有同学都模仿正确后，“引领者”换下一个动作。

1. 动作的变化与模仿都是在有节奏的、绕圈行走中进行的。

2.“引领者”除了肢体动作的变化外，还可以做面部表情的变化与动作相配合。

3. 当“引领者”做出变化时，同学们要尽可能地去模仿他的所作所为，动作及表情越像越好。

4. 练习时，教师在一旁加以指导，引领学生进入情绪。

5.“引领者”可以由学生自告奋勇，也可以由教师指定，还可以轮流担任。

第二节　感受力的练习

感受力是演员在表演中能够真实体会、真实表达、真实互动的基础，演员只有很好地感受到环境、氛围、情绪以及对手给你的真实感受，才能准确地表达、真实地再现生活。很多时候，学生在做表演练习时，会出现“假”和“过”的表演，这就是没有真实地去感受和体会，而是用自己的“想象”代替了“感受”，才会出现超越生活的“表演”。因此，对于学生感受力的训练是很重要的。

练习一　身体接触练习

1. 两人一组，面对面站立，手臂伸直，做“推掌”。当手掌接触时，双方可以用力推，或者设法躲开，目的是使对方身体失去平衡，移动脚步。脚步移动的一方为失败者。

2. 两人一组，面对面站立，手臂伸直，一人手掌在上，另一人手掌在下轻轻托住对方手掌，然后翻过来设法击中上面的手掌，被击的同学要设法及时躲避。若击中，游戏继续，若未击中，双方互换。

这两个游戏都是小时候同学们经常玩的，已经很熟悉了，在同学们反复练习后，教师可以引导学生去体会在游戏时的心理感受。“这些游戏都是我们经常玩的，只是之前我们都没有特别留心游戏时的心理活动与感受。请大家回忆一下，在游戏时，你是不是很想获得胜利？你是怎么用表情去迷惑对手的？你是怎么从对手的眼神、表情、动作上来猜测他的意图的？”通过这些启发式的问题，引导学生去感受自己的心理活动以及揣摩对方心理活动时的感受。

练习二　触觉练习

教师事先准备不同的物品，练习的同学被蒙上眼睛，伸出双手感受所接触到的物品，记住接触时身体最直接的反应，然后取下蒙眼睛的布，再根据触觉感受的先后，表演出当时的感受。

1. 教师准备的物品必须是能够对身体产生刺激触觉的物品，如缝衣针、冰块、热水、油腻腻的布、毛茸茸的小动物、很重的铁块等。

2. 可以先从每人感受一件物品开始练习，练习熟练后再逐渐增加物品数量。

练习三　听觉练习

同学们围坐在一起，教师播放不同的声音片段，要求学生根据所听到的声音，做出相应的动作、情绪、神情等反应。

1. 教师选择的声音片段可以为：往碗里打鸡蛋、雷声隆隆、苍蝇飞过耳边、敲击电脑键盘、清晨公园的鸟叫、水龙头哗哗的流水、狂风大作、下雨、夜深人静的蛐蛐叫声等。

2. 要求学生根据声音片段，做出相应的动作，这些动作必须是基于生活的体会与感受，而不是想象出来的动作与情绪。

3. 第一次做练习时，教师可以让学生先仔细听声音片段，然后在心里构思表演动作，真正用心感受这一声音片段引起的反应及联想，然后再和声音同步完成表演动作。例如，听见水龙头哗哗的流水声，可以想象为大热天从外面跑进来，在水龙头下冲水洗脸；也可以想象为水龙头坏了，怎么也关不上，手忙脚乱拿水桶来接，拿工具来修等。

4. 如果学生在练习时，出现了“故意”的表演，教师应该适时地叫停，并对其进行引导，使其进入以假乱真的表演状态。

练习四　看电视练习

该练习可以集体完成也可以单人练习。练习者面向教师而坐，自由选择一个空间设想为电视机屏幕，根据自己的想象开始“看电视节目”，并做出相应的情绪反应及动作。

1. 在练习时，要先确定看的节目是什么，例如：看的是球赛，则应该在比赛发展的适当时候表现出激动、紧张、兴奋等情绪，如看到精彩场面的欢呼与雀跃，错失进球机会的懊恼与感叹，关键时刻的紧张与激动等；看的是电视剧，则应该根据剧情做出相应的表现，如看的是喜剧，则表现出开心与大笑；看的是悲剧，则表现出悲痛与忧伤；看的是惊悚剧，则表现出恐惧与紧张等。

2. 在完成这一练习时，教师可以根据学生们的表演适当地做一些引导，鼓励学生展开想象，尽可能产生出具体的内心视像，并且不间断地连续下去。

3. 学生在练习时，要用心去体会和发现这些真实的感受，要能够真正相信自己是“看”见了，“听”见了！

练习五　看火车练习

该练习可以集体完成，也可以单人练习。播放火车飞驰而过或缓缓驶过的声音片段，让同学们随着火车的声音去看一辆由远到近，然后又从自己身边疾驶而过奔向远方的货车。要求同学们想象火车的形状、颜色、车厢上装的是什么东西等。

1. 教师还可以利用不同的声音片段来做这一练习。如汽车由远及近的声音、马车声、马群奔跑声、坦克群行进声等。

2. 在做这一练习时，如果同学们除了能够“以假乱真”地去看之外，还能够产生与之相适应的真实感觉，如火车在自己身边飞驰过去时所产生的紧张、恐惧和被震撼的感觉等，教师则应该加以肯定，并引导同学们去体会并发现之所以引起这些真实感觉的原因。

练习六　吃东西练习

这一练习可以集体进行。学生围坐成半圆形，然后按顺序，也可以不按顺序地传递“食物”。首先可以由教师递给同学一个想象的“食物”，并说：“给你一个苹果！”这位同学接过“苹果”后，就可以按照生活中如何吃苹果的方式去品尝它。等他吃了两口，品尝出“味道”后，他又可以递给下一位同学一个“食物”，如“柠檬”。这样，每位同学在品尝过别人给自己的“食物”后，又可以递给另一位同学一种新的“食物”，直到每位同学都反复做了几次品尝为止。

1. 这个练习可以反复多次做，让同学们尽可能想象出不同味道的“食物”。

2. 练习者应努力去回忆生活中吃过的这些东西的味道、吃这些东西时的感受等。并相信此时是真正在品尝它，并且引出相应的情绪与感觉。

3. 教师在练习中纠正同学们在“品尝”中出现的做作、虚假的现象。例如，吃柠檬时，学生在口腔内感觉到出现了唾液，并有了吃它时相应的感觉就可以了，而不要故意去表演尝到酸、甜、苦、辣、咸等味道。

练习七 吃错了东西的练习

做练习前，先想象自己要吃某种食物或者是喝某种饮料，但在吃或喝的过程中，发现自己吃错了或者是喝错了。然后根据自己的想象，努力找到这种味觉上的变化引起的感觉，然后在创造出真实感的基础上，适当地增加一些情境，把“吃错了”放入一个合情合理的情境中，并且即兴地表演出来。

1. 这个练习由每位同学单独进行。

2. 例如，本来是想喝一杯咖啡，结果一喝，发现是一杯中药；本来是想喝一杯橙汁，喝到嘴里才发现原来是一杯颜料水；本来是想吃一块糖，一吃到嘴里才发现纸里包的却是一粒药丸；本来以为是一杯白开水，一喝才发现是烈性白酒等。

练习八 洗脸练习

这个练习可以集体完成也可以单独练习。开始做时可以提示同学们“水”是冷热适度的，洗脸时，要有所感觉，然后可以提示同学们“水”很烫或者很冷。同学们在接触到“烫”水和“冷”水时的感觉是什么样的，并且应该合乎逻辑地表现出来。

1. 在做这一练习时，应要求同学尽可能运用自己的感觉记忆，并在“洗脸”的过程中细致地去创造出真实的感觉。

2. 女生在做这一练习时，还可以根据平时每天都做的生活经历，把卸妆、洗脸、贴面膜、皮肤保养等步骤都加入表演过程中。

练习九 梳头发练习

这个练习可以集体完成也可以单独练习。短发、长发、直发、卷发有不同的梳理过程和动作，要求在练习过程中能够细致、精确地把过程表现出来。

1. 在做这一练习时，应要求同学尽可能运用自己的感觉记忆，并在“梳头发”的过程中细致地去创造出真实的感觉。

2. 为了增加练习难度，还可以让短发的同学表演“梳长发”，长发的同学表演“梳短发”。

3. 教师可以要求学生在练习之前，完成观察生活的练习，把生活中的动作过程用心记录下来，然后在课堂上再现梳头发的“过程”，就不会觉得练习很难了。

练习十　行走练习

练习时，学生围成一圈，顺时针方向自然地行走。在走动起来之后，教师通过语言引导，让同学们感受脚踩在不同的地面，步伐做出相应的改变。

1. 地面的改变可以有:地板、黄土地、水泥地、沙土地、沙漠、泥泞的地面、雪地、溪流、撒满碎玻璃的地面、太阳晒得很烫的沥青地面、草地、铺满落叶的小道等。

2. 在做这一练习时，关键在于要真实地去感觉，而不要过多地要求自己去做出走在什么样的地面上的样子。

3. 为了增加练习的难度，教师的语言引导可以增加内容。例如当同学们走在泥泞的道路上时，教师可以提示 :"现在起风了，下起了雨，雨越下越大……" 这就要求练习者用整个身心去感觉。

4. 教师在练习中要提醒"不要做样子给别人看，而是你怎样感觉就怎样去做"。

练习十一　互动练习

练习者两人面对面站立，慢慢地走近擦肩而过，然后两人都停了下来，似乎感觉这个与自己擦肩而过的人曾在哪儿见过，于是都转过身来注视对方，要求双方都要从对方的眼睛里感觉到点什么东西之后，又都转身走开。

1. 练习由简单开始，初次练习只要求从转身后的对视中真正去发现对方的眼神中的一点点感觉或者是某种含意即可。

2. 在初次练习的基础上，如果两个人之间产生了进一步行动的欲望，例如，打听一下对方是不是自己小时候的同学，从对方的眼神里发现了不友好的目光，想要回击等，可以继续完成行动。

3. 在学生完成行动的过程中应该是相互在真实地、有机地交流适应，如果相互之间缺乏真实与有机的交流，而是在那里"表演"，就应该先停下来，教师指出问题所在，再重新开始做这一练习。

第三节　注意力的练习

练习一　大西瓜、小西瓜游戏

同学们围成一个圆圈站立,教师一起参与。练习时,教师可以任意先说"大西瓜"或是"小西瓜",但如果说"大西瓜",则两手必须做相反的"小西瓜"的动作。如果说的是"小西瓜",那么两手则必须做出"大西瓜"的动作。按顺时针方向,下一位同学如果听到教师说的是"大西瓜",就必须说"小西瓜",同时两手做出"大西瓜"的动作。接下来的同学则又要说"大西瓜"并做出"小西瓜"的动作，依次往下进行。如果有谁说错了，或者是做错了的同学则要受罚，表演一个小节目，然后再继续做游戏。

练习二　鬼、神、人游戏

参加练习的同学站成一个圆圈。开始时，教师也可以参加，按顺时针方向每个人依次为鬼、神、人、1、2、3、4、5……当每个人知道了自己的代号，一开始拍掌，并用左右手依次捻指作响，形成：1—拍掌，2—右手捻指作响，3—左手捻指作响。这种1、2、3的节奏不断重复。在大家都掌握了这种节奏之后，由教师开始，在右手捻指时说出自己的代号“鬼”，然后在左手捻指时任意呼叫一个代号如“5”，5号同学就应该过来，在拍掌之后，右手捻指时说出自己的代号“5”，左手捻指时任意呼叫出一个新的代号，如“人”……这样不断地进行下去，如果有人出现了错误，例如，呼叫到代号时没有反应，或者是节奏乱了，或者是不该反应时做出了反应等，就要受到惩罚。受罚者可以表演一个小节目。受罚之后，他就站到鬼的位置成为“鬼”，其他人的顺序也就以此改变，同学们必须尽快了解自己的序号，重新开始练习。

在做过一段练习大家都比较熟悉了以后，拍掌与捻指的节奏可以加快。

练习三　指挥游戏

练习开始时，任选一人作指挥。“指挥”不许说话，只能用手势来指挥其他同学或跑、跳、分开、集中、蹲下、站立等。其他同学则在看到他做出的手势后都必须按指挥的要求去做。当指挥的同学觉得自己已经没有更多要做的手势时，可以任意拍另一位同学的肩部，这时即由被拍到的同学代替他来指挥，并用手势继续指挥同学们。

在做这一练习时，担任指挥的同学要注意观察是否全体同学都明白了自己的手势。如果有的同学没有明白手势的意思，就应该在不说话的情况下，继续用手势来使同学们明确自己的意图。被指挥的同学则要注意指挥发出的手势，并尽快做出反应。

练习四　干扰练习

由教师向同学朗读一篇事先准备好的小文章。朗读时，其他同学如果觉得没有意思就可以做小动作或者与别人小声地交谈。朗读者在发现这些不注意倾听的同学时，在不间断自己朗读的情况下，用手指指向有干扰活动的同学，被指到的同学要立即停止小动作或交谈；朗读者要在朗读的同时不断地指出那些干扰活动，直到念完那篇小文章为止。朗读完毕后，教师可以要求朗读者复述他所读文章的主要内容。当学生叙述了文章的主要内容之后，就可以由另一位同学来作为朗读者，继续进行这一练习。

初次练习的时候，学生往往会注意了干扰而忘记了所朗读文章的内容，这时，教师应该引导学生认识“除了有注意点以外，还有注意面”，“注意力要有意识地在点和面之间不断地转换”。

第四节　想象力的练习

练习一　讲故事练习

每位同学在纸条上写上一个词语，然后汇总到一起后打乱顺序。然后由讲故事的同学抽出3张纸条，根据纸条上的词语，展开想象力，用两分钟讲完一个故事，故事里必须包含这3个词语。

1. 做这个练习时，大家可以围坐成一圈，充分调动课堂气氛。

2. 有时候抽出来的3个词语可能会风马牛不相及，这就需要抽到的同学必须发挥想象力把完全不相干的词语，通过你编的故事变成有关联的。

3. 一位同学讲完故事后，如果有人觉得我可以比他编得更好，也可以由他采用同样的素材再讲一遍。

练习二　环境变化练习

可以分组完成这个练习，教师先用语言提示当前的环境，练习者做出在相应环境中发生的动作和情绪，当表演较充分时，教师提示环境改变，练习者迅速做出相应的改变与调整。例如，教师提示“潺潺的小溪边，阳光暖暖地照在身上”，练习者做出在溪边流连、享受阳光的惬意等动作。当练习者的行动较为充分时，教师提示“忽然打雷了，下起雨来，那边有个可以躲雨的棚子”，练习者在听到教师的提示后应该马上做出相应的行动反应和情绪变化。

1. 教师的语言提示可以根据练习者的表现做相应的改变，练习者的行动不够充分时，教师可以做适当的引导。

2. 练习者在行动时，应该充分发挥想象，把自己放到想象的环境中去“真感受”、“真体会”、“真表达”。

练习三　人的一生变化练习

每位同学先后上场四次，通过这四次上场，看出一个人从少年到老年的变化。第一次上场是少年，第二次上场是青年，第三次上场是中年，第四次上场是老年。

1. 一开始做这个练习时，只要求表现出年龄与心灵上的变化与差异即可。例如：某位同学四次上场都是梳头，第一次是一个小孩，爬上椅子，对着梳妆台的镜子，梳好小辫，扎上一个红色蝴蝶结；第二次，她坐在梳妆台前精心地梳头，不断地改变自己的发型，最后用发胶把自己认为满意的发型固定好；第三次，她走到镜子前，照着镜子把头发用手随便划拉了两下，提起挎包，顺手拿起一个哄孩子的玩具就跑了出去；第四次，坐在镜子前呆呆地望着镜中的影像，然后缓缓地用梳子把头梳了一下，然后从梳子上把脱落的头发揪下来，拿在手里望了一会儿，叹了口气。

2. 当学生能够完成基础的练习后，可以增加练习难度，如通过四次上场的同一个行动，让人们看到你所表演的这个人的一生命运。例如，他是一个从小不爱学习，结果成为一生无所成就的人；或者是一个从小就有理想，但是历尽磨难、理想永不泯灭的人。总之，要想象他是个什么样的人，他一生中都有些什么样的经历，最后选出四个有代表性的瞬间来展现。

3. 这个练习还可以由2~3位同学一起做，他们相互之间可以有一定的人物关系，在不同的年龄阶段出现，但一定是具有代表性的瞬间。

4. 尽管这个练习是表现人的一生，但表演最长时间不得超过两分钟，要通过尽可能简练、准确、鲜明的动作来表现。

练习四　联想练习

在一段表演中，通过三次不同意义的“叹气”，表现一个人物的特点，或者一件事情的经过。

1. 这个练习可以单独完成，也可以 2~3 人合作完成。

2. 练习者必须充分发挥想象力，把 3 次“叹气”合理地安排在这段表演中，起到点题的作用。

3. 表演时间不超过 2 分钟，要求用尽可能简练、准确、鲜明的动作来表现。

4. 还可以用 3 次不同的“跺脚”、3 次不同的“拍手”、3 次不同的“流泪”、3 次不同的“微笑”等题材来进行练习。

练习五　一句话想象练习

教师给出一句话，练习者充分发挥想象，构思一段故事情节，并表演出来。表演时间不超过 3 分钟。

1. 一句话可以是：“下雨了……”、“离别的车站”、“你还好吗？”等。

2. 教师可以事先布置作业，给练习者充分的时间去构思情节、人物设置等。

3. 在练习中，学生往往会想得很多却表现不出来，或者想得太多，表演时间不够。因此，教师要提醒学生在想象的时候不要“求情节多”，不要“求人物关系复杂”，只要一个简单但是有点睛之笔的情节，完整表现出人物的个性特点就很好了。

第五节　无实物表演的练习

无实物表演练习是表演基础学习中一种开发想象力、建立信念感的重要的训练方法。要求在练习中，以无实物的虚拟动作完成有规律的行动过程，并且具有准确的动作逻辑顺序，过程完整、清晰可见。在无实物表演的训练中，要注意对物体的重量、体积、质地的感觉，要能够集中注意力，对假想的虚拟物体做出松弛有度、控制自如、有逻辑的表演。

练习一　单人无实物练习

1. 单人无实物练习是基础的训练，可以从简单的、单一的动作开始做起。例如：穿针、缝扣子、看书、点蜡烛、淘米、切菜、打鸡蛋、绣花、修电脑、点火抽烟、倒水等。

2. 在开始做这些简单的练习时，应该严格要求动作的细节及虚拟物体的细节。例如：倒水时，哪只手拿着水杯，哪只手拿着水瓶；两只手在重量上的表现差别；倒水时，倒了水杯的几分之几；水是冷的、温的、还是烫的；水杯是隔热的还是不隔热的等。对这些细节的考虑要充分且具体，并且通过对这些细节的想象，完成相应的动作与情绪。

3. 在完成动作的过程中，要注意动作的逻辑顺序，因为行为的逻辑顺序，可以使演员和观众产生信念感和真实感。

4. 在刚开始做无实物练习时，练习者往往会忘了手中虚拟的物体，或者环境中虚拟的物体，这个时候教师要及时提醒，强化学生集中注意力。

5. 在无实物练习中，动作的质感是一个长期训练的过程，因此无实物练习要反复做，才能熟能生巧，才能使表演的行动真实而具体。

练习二　多人无实物练习

多人无实物练习以 2~4 人练习为佳，在练习过程中，通过相互之间的配合，增加无实物练习的难度。例如：两人下棋、锯木头、打篮球、包扎伤口、卖菜等。

1. 在多人无实物练习中，往往会出现虚拟的物品“凭空消失”或者“凭空出现”的情况，这就要求进行练习的成员必须注意对方的动作，并根据对手的动作做出自己的反应。例如：卖菜的人递给买菜的人一颗白菜，买菜的人接过来后觉得不好，又递还给卖菜人，同时拿起边上的西红柿，而卖菜的人却极力推荐白菜，又塞了过来。这个情节中的虚拟物品的“来”和“去”就要求练习者要注意动作的逻辑顺序。

2. 多人的无实物练习可以在课余时间进行一定的排练，然后在课堂上完成完整的表演作业汇报。

练习三　无实物动作组合

当练习者可以很好地完成单一动作的无实物表演以后，可以增加表演的难度，教师可以设定不同的环境，给出一系列动作的组合，让学生来完成无实物动作组合的表演。可选题材有：

1. 地点：宿舍；时间：休息日的早晨；人物：我；动作：关闹钟、伸懒腰、叫醒同学、爬下床、刷牙、洗脸、打开电脑、梳头、化妆。

2. 地点：教室；时间：期末考试；人物：我；动作：进入考场、放下考试用品、传递考试卷、答题、碰到困难、偷看、被警告、悻悻然交卷。

3. 地点：家；时间：大扫除日；人物：妈妈；动作：扫地、拖地、擦桌子、洗衣服、晾衣服、擦玻璃。

4. 地点：家；时间：中午；人物：爸爸；动作：进门、洗菜、剖鱼、剁肉、打鸡蛋、炒菜。

第六节　人物模仿的练习

练习一　他（她）是谁的练习

这是一个观察与模仿人物外部特征的练习。做练习的同学先不说自己模仿的是谁，等做完之后，让同学们去猜他模仿的是谁。

1. 教师可以事先安排任务，让学生在课余去观察生活中自己身边的人物，如老师、同学、宿舍管理员等，尽量选择大家都比较熟悉的人物来进行模仿。

2. 由于所模仿的对象是大家都熟悉的对象，所以同学们可以一起来研究怎么样才能模仿得更像？代表该人的个性与特点的动作应该是哪个？哪些地方模仿得像？哪些地方还观察得不够细致，模仿得不够准确等。

3. 要培养自己的模仿能力，在生活中一定要养成一种有意识地去模仿的习惯。但是在模仿自己所熟悉的人时，一定要注意不能故意丑化别人而伤害感情。

练习二 他（她）在做什么的练习

任选一位同学即兴完成一个简单的行动，如女孩子为了参加晚上的约会挑选合适的衣服。表演者必须认真地、真实地去完成这一任务。在表演者完成行动的过程中，要求其他同学仔细去观察，并尽可能地琢磨表演者的心理活动。当表演者完成行动过程后，在一旁观察的同学就可以上台去，把所观察到的行动过程模仿下来，尽可能地使每个细节都比较准确；同时还要尽可能地按照被模仿的表演者的“内心活动”去思索。

1. 这个练习除了要细致地观察和准确地模仿人的外部行动特征和行为逻辑之外，还要尽量通过所观察的对象的外部行动去琢磨他的内心活动。

2. 在表演者完成行动表演后，可以先由观察的同学讲述他（她）认为表演者在行动过程中的内心活动是什么，内心的逻辑是怎样的等，然后再由表演者来印证观察者所说的是不是准确。

3. 在所有的同学都做了这个练习之后，教师可以引导学生一起来研讨如何在观察人物时，不仅要观察行动，还要揣摩其内心活动，由表及里，逐步过渡到内外部统一起来。

练习三 模仿不同社会阶层人物的练习

在完成模仿身边最熟悉的人的基础上，扩大人物模仿的范围，广泛地选择观察与模仿的对象。例如：公交车站、商场、火车站、医院、菜市场、庙会、公园、游乐场等地的人物，也可以是自己的家庭成员、同学的家庭成员等，在这些地方找到自己感兴趣的观察对象。

1. 人物的模仿可以加入外部特征的模仿，但是更要注重观察人物的心理活动，从人物的性格和特点来抓住人物动作的特点。

2. 练习者必须严格按观察对象的原型进行模仿，不要随意来编造形象，也不要考虑过多地进行发挥与夸张。

练习四 模仿不同人物的同一行动的练习

在观察的基础上去表现三个不同的人的同一行动。例如：三个不同年龄的人在商场买衣服，三个不同性格的人在公交车站等车，三个不同的人在饭店喝酒，三个不同的人在公园里拾到钱包等。

1. 这一练习主要是要求学生能够注意并在表演中进行区别，在生活中同样的行动，放在不同的人物身上发生，会有不同的行为方式。例如，在菜场买菜，急性子的人和慢性子的人有不同的行为表现，年轻人和老年人也会有不同的行为表现。这种不同的行为逻辑就反映出了人物的不同性格。因此，在观察生活中一定要认真、细致地观察这些不同之处，并且琢磨这些不同之处和人物性格的关系。

2. 在做这一练习时，要求同学们的模仿尽可能从观察而来，尽可能细致地去表现出他们之间的不同之处，不能脱离了观察，从概念出发去虚构。

练习五　模仿不同年龄层次人物的练习

这一练习的做法与想象练习中的人的一生练习的做法基本相同，但要求同学们必须先要认真地去观察各种不同年龄层次的人行动中的特点，包括内外部的特点，然后可以通过同一行动或不同的行动去表现一个人的少年、青年、中年和老年的几个典型瞬间。做这个练习时，一定要留心观察其心态上的区别，并尽可能地通过他们行为方式的不同表现出这些特点和区别。

练习六　模仿不同年龄层次人物的瞬间练习

在上一个练习的基础上，任选 2~3 人组成一个表演组合，自行确定人物关系和情境，或者利用一句话、一个动作的方式即兴行动起来，但始终要保持你所观察与模拟的年龄层次的那个人的特点。例如：奶奶和孙子，两个老头，一对中年夫妻，老少三代人等。

练习七　观察人物的联想、想象和创造的练习

在观察与模拟有了一定基础和积累之后，要求学生对所观察的人物中最有兴趣的、观察得比较细致的和比较深入的对象展开联想，想象他们在不同的情境中会如何行动。

1. 例如：一个急性子的人，想象他和慢性子的女孩约会时会发生什么？他遇到了一个办事认真，甚至是有点吹毛求疵的上级时又会发生什么？

2. 学生也可以自己先确定一个所要观察的人物，在一个特定的情境中即兴行动起来。例如：学生观察的是一个斤斤计较、一分钱也要争的农村来的卖鸡蛋的中年妇女，教师可以让另一位同学去演一个总想占点便宜的买东西的中年家庭主妇，或者一个税务人员，也可以让另一位同学去演吵着向她要钱买东西吃的儿子等。同学们可以在简单的商量之后就可以即兴表演起来。

3. 表演结束后，表演者也可以谈自己的体会，主要是检查自己的表演过程中是否把握住了所观察的人物的行为逻辑，哪些地方可信，哪些地方还不可信等。在评议和讨论后，表演者如果联想到还有另外的可能性，教师可以让学生再去即兴地表演一次，使同学们有机会进行探索。

第七节　观察生活的练习

观察生活练习是要求在观察生活、体验生活的基础上通过联想与创作，编写并演出一个

有一定的矛盾冲突、有人物的形象特点、有比较准确的人物关系，并且反映出一定的思想内涵的小品练习。观察生活小品，首先要求一定要有生活原型，并且最好是在反复地进行观察与体验的基础上，然后根据对所观察的人物的认识与感受，展开联想与想象，从中编创可能发生在这一人物身上的事情。

观察生活练习小品，实际上是完成了基础的表演技能训练后所进行的综合训练。通过观察生活练习小品的练习可以检验出同学们在表演基础训练阶段的进展情况与存在的问题。

练习一　三分钟命题无言交流的练习

通过观察、理解、用无言交流的小品练习表现人物关系的变化、人物形象的塑造、事件的发生过程。不要把内容构思得太复杂，要求表演动作与情节有所选择。

表演的素材可以选择路灯下、分手、邂逅、相亲、误会、冤家路窄、躲雨、车站、办公室、似曾相识、虚惊一场、生日、急诊室等。

练习二　一句话交流的练习

要求在3分钟的表演过程中，围绕一句话展开行动，并且用这句话作为点题之句。例如：

1.“你终于来了！”

2.“我算是认识你了！”

3.“真的太谢谢你了！”

4.“这是真的吗？”

5.“我终于明白了！”

练习三　障碍练习

在练习开始前，教师提出要求：要明确自己在练习中要做什么；要找到做这件事情的目的是什么，并使之成为真正内在的愿望与欲求；在完成“做什么”时要遇到一些障碍，经过努力，最终克服了障碍，完成了自己的任务。

1. 在做这一练习时，可以事先设计出一些障碍，也可以在做的过程中即兴展开想象，发现一些新的障碍。

2. 教师可以用提示的方法给学生设置障碍。例如：擦皮鞋时，有一块污渍，花很大力气还是擦不干净，教师提示“是不是可以换种清洗物品？”，练习者顺着教师的提示往下表演，教师可以继续提示“鞋头的皮踢破了，怎么办？”等。练习者要试着去用合理的方法化解这些障碍。

3. 这一练习的目的，是让练习者在开始把握舞台行动时，就把行动与矛盾冲突挂上钩，认识到行动的发展是和克服一个又一个矛盾、解决一个又一个冲突联系在一起的。在开始掌握舞台行动时为了能由浅入深，循序渐进，就必须从克服障碍开始，实际上这就是我们所说的“矛盾”。因为有了这种矛盾，行动才有了发展，内在的愿望与欲求也就会随之变得更强烈。同时，也就会引起相应的体验。

练习四　布置环境的练习

3~4 人一组，商量后布置一个地点或者环境，展开想象，设计一段情节，要求具有合理的人物设置、情节发展、行动逻辑等。

1. 环境可以布置为：办公室、车站、宿舍、教室、舞蹈房、沙滩、餐馆、菜场、超市等。

2. 当一个组做完练习之后，其他组的学生可以进行评议，看谁做得真实、合理，谁做得还不太恰当，然后由另一组学生根据自己所设计的环境做练习。

3. 要学会积极展开想象，设计出各种非常具体、非常真实而且充满生活气息的地点和环境，千万不要一般化。因为地点与环境设计得是否具体、真实，往往会直接影响学生在舞台上的行动。

练习五　“人物关系+事件+时间地点”的练习

3~5 人一组完成该练习。第一位上场的同学按照自己设想的一个时间，在一个地点去做一件事。其他同学在看清楚了第一位同学在表演时所设想出来的时间之后，就可以上场去做自己要做的事，但他在行动中必须要和第一位同学所设想出来的时间相一致。然后，第三位、第四位、第五位同学也可以按照这个原则上场去做一件事。同学们上场之后，如果在行动中相互之间需要有所交往，就可以相互交往；如果没有这种需要，他就可以只去完成自己的行动，完成后就可以下场。不过在行动中相互之间的语言交流应该尽可能地少一些。

1. 初次练习前可以在课余做好准备工作，如人物关系如何构建、发生事件的地点、如何串联所发生的事件等。

2. 练习熟练后，可以做人物关系、事件、时间地点的即兴变化练习。

3. 例如：第一位学生准备表演的是一个小保姆，她所设计的地点是在她所服务的主人家里，时间是傍晚，要做晚饭之前。她所做的事是从阳台上收拾已经晾干的衣服后，就打开冰箱，从中取出晚饭时要做的菜，坐下来择菜。第二位同学可以设定自己为一个中学生，当他看清楚第一位学生所创造出来的情境时，就可以上场，他上来后所要做的事就是做作业。在第二位同学刚上场时，第一位同学会有一个判断过程，例如，第二位同学一上来就把书包往沙发上一扔，跑过去打开电视机，坐在沙发上看电视。第一位同学如果感觉到了第二位同学所扮演的人物，她可以去与第二位同学进行交流，如先放下手中的活，从冰箱里拿出一罐饮料送到小主人面前，这时他们二人可以在相互接受对方所提供的信息的基础上即兴地适应下去；如果一时还没有判断出第二位同学所演的是什么人，也可以先不去适应，仍然继续自己原来的行动。第二位同学这时既可以按照自己的想法不与第一位同学交流，如他没有找到自己感兴趣的电视节目，就把电视关了，拿起书包，走到桌前，打开书包去做自己的作业；他也可以向第一位同学提供一些信息，如他坐在沙发上时，他可以对第一位同学说：“阿姨，给我拿一罐可乐来！”这时两位同学就可以在相互提供的信息的基础上进行交流与适应。第三位同学如果看清楚了这一切，特别是要注意前两位同学在表演中所创造出来的情境，就可以根据自己所观察出的人物上场。同样，他（她）可以是自己去完成自己的行动，也可以在相互提供的信息的基础上进行交流与适应。以此类推。

第八节 小剧本表演练习

练习一 开学报到

时间：2002年9月1日

地点：北京某军事指挥学院地方本科生报到处

人物：（按出场顺序排列）

江老师——女，少尉，报到处负责人

李国栋——新学员，河南口音，穿着土气的运动服

蒋 军——新学员，北京口音，穿着未佩戴军衔和领花的军装

贾代宇——新学员，广东普通话口音，戴眼镜，穿着花色方格短袖衬衣

牛本迟——新学员，东北口音，穿着海军蓝白色迷彩服

（幕启。台右侧放一报到办公桌，一把椅子；桌的右前方立一指示牌，其上写着：新学员报到处；台左后方立一指示牌，其上写着：行李寄存处；舞台后方中央、报到办公桌与行李寄存处之间拉一横幅，其上写着：热烈欢迎首届地方本科生！）

（老师拿报到名册边走边上场）

老师：（对周围喊）咱们各方面的工作人员都准备好啊，新生马上就要到啦，咱们做好欢迎新同学的准备！（走到报到办公桌后，坐下，翻看名册）

（李国栋背着一绿色老式军用挎包从台下观众席中走出）

李国栋：（面对观众，河南话）咦——，今天咋震（这么）多人赖（呢）？俺在这儿给各位首长、老师和同学们问好啦！（鞠躬）（问路边的人）啊，这位老师，俺想问一下指挥学院报到处咋走啊？啊，谢谢您老师！（上台，看到报到处后）同志——！（老师专心在看名册，没听到，走近）老师——！（老师依旧忙着布置报到处，没听见）啊，啊——老师！

老师：（惊讶地回头）你叫我？

李国栋：啊！老师，俺是大树啊！俺是来——

老师：大叔？

李国栋：（下意识地回答）哎！

（老师突然意识到说错，捂嘴。李国栋也不好意思）

李国栋：老师，恁（你）咋知道俺的小名赖（呢）？俺的大名叫李国栋，俺是来报到的。

老师：噢！你是来报到的新同学呀！（看表）来这么早。（主动大方地伸出手）欢迎你——

李国栋：（慌乱，不好意思）哎，哎，（紧张地伸出手，但在接触女老师手的一瞬间，突然收手低头做鞠躬的姿势，未能碰到老师的手，还冲过了头，找不到方向）老师，恁（你）在哪儿？

老师：（从身后拍他）同学，同学——，请把你的东西放到这边。（领李国栋走向行李寄存处，然后走回办公桌前）

李国栋：(边摘老式军用挎包边说)中！中！

老师：来来来，到我这儿来填个表。

李国栋：中！(不敢看老师)

老师：你叫什么名儿啊？

李国栋：啊，中！(老师不解地看他)啊——，老师呀(捧起老式军用挎包)俺这儿有个包……

老师：(行李寄存处)啊，你随便放那边寄存处就行啦。

李国栋：不是啊，老师。俺这个包……

老师：(主动站起，欲接过包)我帮你放吧！

李国栋：(不情愿地)那，那俺就交给您啦——(把包交给老师)

老师：(左右琢磨，放向寄存处)还挺贵重啊。(李国栋跟去放包)

(蒋军迈着军人式的步子，大步流星上场)

蒋军:(有节奏地)向诸位那个道大喜，我今天来到了指挥学院里。那一没坐车二没打的，虽然咱爸单位有的是奥迪。(恢复正常节奏)咱的目的呀，就是迈开11路(指双腿)向爷爷长征那样，把革命的道路走到——底！(做弯臂弓腿动作，定格)(转身看报到处，老师正在忙碌)哎，江阿姨呀！

老师：(回头疑惑地看)你是——？

蒋军：我是蒋军呀！

老师:蒋军？(想起来了)哦！蒋军呀,这不是蒋参谋长的儿子嘛！这孩子都长这么大啦，那时候呀还尿床呢！(蒋军不好意思)你到这儿干什么来啦？

蒋军：我是来报到的呀。

老师：考上军校啦！哎哟真有出息。以后呀，肯定能当将军！(走近，悄声说)还尿不尿床呀？(转身带他走向办公桌)蒋军呀，先去把你的东西放到那边(指行李存放处)，然后呢咱们过来——(突然发现蒋军什么都没带)哟！你怎么连个包都不带呀？

(贾代宇背着一个黑色笔记本电脑包上场)

贾代宇：(对观众，广东普通话)亲爱的同学们，我想死你们——的啦——！(推眼镜)你们好好可爱——的啦——！今天呀，我终于考上指挥学院了，很不简单——的啦——！(走两步，想说什么又没想好，推眼镜)……的啦——！(转身看到标牌，读)指挥学院新学员报到处。(面对观众)对，就是这里，就是这里。(推眼镜，整理发型，转身学着军人的走路动作，甩手挺胸走向办公桌)

李国栋：(正在帮老师接待，看到贾代宇走来，上前迎接)哎呀，同学，你好，一路辛苦啦。我帮你拿包。

贾代宇:谢谢！(推开李的手，坚持自己拿，面对老师立正)老师你好！我是来报到的！

老师：(站起)你好！欢迎你！(伸手与其握手)

贾代宇：(握住老师的手)你好——的啦——！

老师：(拿出名册)这位同学呀，你叫什么名字呀？

贾代宇：你叫我代宇好了。

老师：（翻名册）带鱼——？

贾代宇：哦，老师，我不姓戴，我姓贾。

老师：噢。这个……甲鱼同学呀——

贾代宇：不不不，老师！不是带鱼，也不是甲鱼，是假带鱼。

老师：（找到名册上的名字）贾代宇同学呀！

贾代宇：对对！

老师：行，把你那个包放到那边，然后咱们过来填个表啊。

（李国栋马上过来抢拿贾代宇的笔记本电脑包）

贾代宇：哎！哎！不行！同学呀，我这个包里边呀是手提电脑，很贵重——的啦！里面啊都是知识，知识就是（自己做握拳健美状态）力量！力——量！

老师：那你自己拿好！（递上表格）来，你的报到表。

（牛本迟从台内突然跃出做前滚翻上场）

牛本迟：（东北话）哎哟我的妈耶！（跪在地上双手举在空中等待接东西状）我的包呐？（一件大号的迷彩包从台内飞出，牛本迟接住）哎呀！（欲背迷彩包，突然听到手机铃响）恩？（从上衣口袋中拿出手机，接听）啊？爹呀。俺已安全“降落”指挥学院啦，你放心吧！（收起手机，对观众）哎呀！哎——呀！这疙瘩就是指挥学院啊？哎呀妈呀！（望远处）那疙瘩全是指挥学院的吧？今天我终于考上学院啦，咱大伙都是同学了，晚上我请客，没说的，咱哥们有的是钱，南门餐厅见！（看标牌，读）“某某北京指挥学院报到处”……

（老师拿名册在人群中找人）

老师：牛本迟同学——，牛本迟同学来了吗？

牛本迟：哎呀！啥年代啦，还有叫奔驰的呀！怎么也该叫个卡迪拉克呀，这个……

老师：牛本迟同——

牛本迟：（突然感到是叫自己）哎呀，叫我呐哈！老师，我来了（抱着迷彩包跑过去），我就是牛本——啊迟！

老师：你就是牛本迟同学吧？

牛本迟：啊！对对对，我就是牛本迟。

老师：你先把你这个包放在那边，然后咱们过来填个表啊！

（牛本迟向寄存处走去，半路发现李国栋正在扫地，站住）

牛本迟：（指李国栋）You！ Come here！卸包！

李国栋：（跑过来，帮他拿包）哎哎，同学，你也辛苦啦。（欲把包就地放下）

牛本迟：轻点啊！全是高科技，知道不？

李国栋：啊啊，好。

贾代宇：（走上前）哎，同学同学同学！你这么大一个包包也叫高科技呀？看见没有，（拍自己的笔记本电脑包）我这个小包包才是高科技呢！

牛本迟：小样！老虎不发威当我是病猫啊？！让你见识见识啥叫高科技。（在地上用嘴吹出一块干净的地方）上包！

李国栋：啊啊，哎呀。（把迷彩包拿过来）

牛本迟：知道啥叫高科技不？啊？！（看旁边还有人没过来看，打手势让蒋军和老师过来）哥儿几个过来呀！

（蒋军和老师疑惑地过来看）

牛本迟：（边从包里拿出东西边说）让你们见识见识啥叫高科技。（拿出第一件塑料袋包住的物品）知道这是啥不？新时代的防护服，（示威性地跳起）知道不？（老师没兴趣走回办公桌）再瞧瞧我这件！（拿出第二件物品）知道这是啥不？新时代的救生服！（示威性地跳起）知道不？！（边拿第三件物品边说）最拿手的还是我这件，让你们哥几个见识见识……（拿出一圆球形物品）全球定位仪系统！嗯？（示威性地跳起）知道不？！再让你们瞧瞧这个是啥玩意儿——（看也不看地拿一件物品，向观众方向展示）

蒋军、贾代宇：（讽刺口气学牛）知道不？

李国栋：（抢过物品）脚气膏！哈哈。

牛本迟：（突然发现拿错，迅速抢回藏起）哎呀妈呀，拿错了，我说的是这个——（又去包里拿）

贾代宇：（打断他）同学同学，你这些东西都很简单的啦！（扶自己的笔记本电脑）我这个小包包里面全有的啦。让我来告诉你——（拿起牛本迟放在地上的第一件物品，打开包装）看见没有？这个东西（从里面拿出的是一件军用黑胶帆布雨衣）DB-F 型救生服，穿者能在零下 20 摄氏度水中浸泡 5 个小时，体温下降不会超过两度！很简单的啦——！

李国栋：（接过雨衣）唉，俺还以为这是个啥呢！这不就是个烂皮子嘛！（扔给牛本迟）

牛本迟：（生气地说）你知道个啥啊你知道。

贾代宇：（拿起第二件）这个东西——高科技防护服，能够自动调节温度，可以有效地防止高温以及有毒物质的伤害，也很简单——的啦——（把物品塞给牛本迟）；（拿起第三件）这个东西——全球定位仪系统，能够在任何地方锁定目标，误差不小于——1 米！这就更简单——

蒋军：（抢话头）的啦——！

贾代宇：啊，你也知道啦。

牛本迟：（抢回第三件物品）拿过来吧你！小样儿，我还整不了你了！让你见识见识我这——（又想拿东西展示）

蒋军：停啦停啦停啦！都给我稍息吧！（走向办公桌，拉老师走到前面来）江老师，他们这些人也叫了解部队？也叫理解军人？开玩乐呐！（走到众人前）这军人嘛，应当是穿胶鞋打领带，训练扎条武装带。被子叠成豆腐块，走起路来有人带，一个更比一个帅。脸盆洗脚不奇怪，关键时候当锅盖。吃的穿的不用带，指挥学院它早安排。所以我——连个包都不带。

贾、牛、李：哦？

老师：是啊！同学们，就像蒋军说的，你们呀是我们学院招收的首届地方高中毕业生。你们对军校还不了解，来到这里呀，你们这些花花绿绿的包全都不能用。指挥学院早就给你

们准备好了统一的新书包，我现在就发给你们。（下场）

贾、牛、李：哎呀，妈呀！还发新书包呀。（议论）

牛本迟：（对李国栋）老大，你的包呢？拿出来给大伙瞧瞧！

李国栋：啊啊，俺有包，俺的包在寄存处放着呢！

（牛本迟去寄存处把自己的迷彩包放过去，发现李国栋的老式军用挎包）

牛本迟：（拿起挎包）哎呀妈呀！这个烂包是谁的？

李国栋：（上前欲接包）这就是俺的包……

牛本迟：啥年代啦？还使这样的包啊？（不屑一顾地把挎包扔在李国栋跟前）

李国栋：（忙捡起）你别扔啊！

牛本迟：（再度夺下挎包扔在地上，李国栋欲再捡起，被拦住）到指挥学院赶紧换个新包，别给我丢——哎哎，别捡啦！（从裤兜拿出钱）拿给你一百块钱，赶快买个新包——

李国栋：你！

牛本迟：不够？两百！（见李不说话，再加钱）五百块钱，买个皮尔·卡丹的！

李国栋：你！给我捡起来！

牛本迟：不捡！咋地啦？你想跟我急啊？！跟我急是不？

李国栋：我！（欲冲上去打，被同学拦住）

贾代宇：不要生气不要生气。我来捡我来捡——（弯腰欲捡）

李国栋：恁（你）给俺放下！！！

贾代宇：（吓一跳，没敢捡）

李国栋：（慢慢走到挎包前，郑重地从地上拿起挎包，音乐起）俺知道，俺的包比不上恁（你）的好，可它是俺爹的心呐！（打开挎包包盖，里面缀满了军功章）俺爹是个退伍伤残军人，临来的时候啊，俺爹把包交到俺手上时说：树啊——，咱农村人考上学不容易啊！爹没有啥好送给你的，这个包你就带在身边，训练要是苦了啊，累了啊，树啊，你就拿出来看看它，不要想家！树啊，咱现在是个当兵的啦，到了部队要给咱家乡的父老乡亲争口气！（走向台口，对远方）爹——，俺到军校啦，学校的老师和同学都对俺挺好的，恁（你）和俺娘在家就放心吧！！！

（牛本迟不好意思地上前抱住李国栋的肩膀，愧疚地把挎包给李国栋背上，众人上前安慰。老师拿着新发的书包上，在一旁静听）

老师：（擦完眼泪）同学们，发新书包啦。（蒋军上前接过所有书包）同学们，你们背着各种各样的书包、带着一腔报国热情来到了军校，（走到李国栋前，拍着老式军用挎包）这个书包虽小呀，但它给我们上了生动的一课。它不仅传承了革命的优良传统，而且背负着新时代军事变革的重任（拍新发的书包）。（边发新书包边说）同学们，我今天发给你们的这个书包将伴随你们走过美好而难忘的军校生活。四年以后，当你们毕业的时候，我相信，指挥学院一定能把你们造就成合格的现代化军官！同学们，捧起你们的新书包，向祖国报——到——吧！

众新学员：（将新书包举过头顶）报——到——祖国！！！

练习二　农场欢乐多

人物：A、B、C、D、E

道具：玩具狗、白菜、萝卜

（A 上场）

A：大家好！你们说说今年到底是咋的了？这出行是越来越不方便了！开车吧，油涨了；走路吧，被抢了；坐公交吧，着火了；坐地铁吧，追尾了；坐火车吧，出轨了；坐飞机吧，坠海了……害得大家都不敢出门了，那咋办呢？宅在家里种菜呗！种菜，既能获得丰厚的财富，又能弥补精神上的寂寞！可谓物质精神双丰收啊，何乐而不为呢！套一句流行语：姐种的不是菜，是寂寞！（看一下时间）时间不早了，差不多该去田里看看了，现在种菜的多了，偷菜的更多，为了防止偷菜贼，我还专门养了一只牧田犬，我要让那些不安好心的贼，死得……（看见了倒在地上的狗，扑过去）旺财……旺财……你怎么了？旺财你不能死啊，旺财，你跟了我这么多天，对我有情有义，肝胆相照，但是到了现在我连一顿饱饭都没让你吃过，我对不起你啊，旺财！（抹泪）哼，一定是哪个偷菜贼怀恨在心，故意放药毒死你的！我要查出来是谁干的，然后把他千刀万剐！（抱着狗离开了……）

（《嘻唰唰》的音乐响起，B 出场）

B：“1234，嗯啊，收啊收，嗯啊，乐啊乐！嗯啊，偷啊偷，嗯啊，疼啊疼！请你拿了我的给我送回来，吃了我的给我吐出来，QQ 农场里面有记载，最好不要耍赖！欠了我的给我补回来，偷了我的给我交出来，只要你曾偷过我的菜，都会有记载！唉～～～～～～嘻唰唰嘻唰唰……”昨天下午我在田里守了整整一个下午，眼看我的萝卜就要熟了，居然突然拉肚子了！实在憋不住了，就去方便了一下，回来再一看，田里的萝卜全被“洗刷刷”了！杯具啊～～～～只见当时我那眼泪就犹如滔滔江水连绵不绝，又犹如黄河泛滥一发不可收拾！哼，正所谓，人不偷我，我不偷人，人若偷我，我必偷人！不想偷菜的农民不是好农民！今夜我就要把昨天损失的菜统统偷回来。

（走到菜地旁边）

B：本以为这半夜三更正是偷菜的好时机呢，转了一大圈，结果就只有这块地要熟了！唉，现在的农民果然都变聪明了，自从发现半夜偷菜犯案率暴增后，都为了减少损失，防止被偷，种东西都是算好了时间才种的。这良心不是一般的坏，那是相当的坏啊！（看一下时间），还有 10 分钟就熟了，那我就先等一下好了！（蹲到田边等候菜熟）

（打击乐响起，C 出场）

C：小人本住在成都的南边，家中没屋又没田，生活苦无边！自从有了媳妇，生活更是苦不堪言！她嫌我家穷没有钱，我欲和她来讲理，惨被她一拳来打扁！无奈之下，只好偷菜来赚钱。又遇到看家狗，残忍不留情，惨被他咬了一百遍，一百遍！我铭记此仇不共戴天！！！哼！就是这家，昨天我来偷菜的时候，菜没偷成，还被他家的狗咬掉了 50 块大洋。回去后，又被我媳妇狠狠修理了一顿，还跪了一夜的洗衣板！为了报仇，后来我偷偷给那笨狗下了天下第一奇毒——“一日丧命散”！估计现在已经死翘翘了！哈哈，今天我不偷他个倾家荡产，我誓不为贼！

（四下观望了一下，发现没有狗）

C：狗呢？貌似真的挂掉了！这下我就安心了！嘿嘿！（贼笑两声，看一下表）还有3分钟就熟了，到时候就可以……（一边搓手，一边奸笑，走到田边，蹲下等待，看到B）嘿，哥们，偷菜呐？

B：哇，大哥，你化这个妆就说自己是熊猫大侠喽？给点儿专业精神好不好？你看，这黑眼圈都发紫了，头上像戴了两块年糕似的，出来混饭吃得花点本钱嘛！我们偷菜贼也是要讲究形象的！形象，懂不懂？就是包装啊！你不把自己打扮得跟良民一样，也不能化装成“熊猫大侠”啊！

C：哎呀，不好意思，下次我一定会注意的！

B：（边握手边说）那就行了，下次出来偷菜一定要打扮得像专业一点，不要丢了我们偷菜贼的形象啊！

C：嗯，好的！

B:来来，我给你讲一下，怎么包装自己的形象！（两人一起蹲下，在旁边比划着，讲包装）

（D、E上场）

E：“Only you, 能伴我去偷菜，only you, 能掩护我开溜，only you, 能保护我，让那恶狗永远咬不着我，就是 only you...oh,oh,oh,only...”

（E一拳打过去）

D：“你有完没完啊！我已经给你说了不要跟着我了，你还在那oh！完全不理人家受得了受不了，你再oh我一刀捅死你！”

E：能和我一起偷菜的真的就只有你了撒！因为每次都只有你跑得比我慢，这样狗就只会咬你，不会咬到我！

D：你这算盘打得可真精……（发现菜地）有块地也！去看看！

（D、E走近菜地）

E：哇，还有1分半钟就要熟了！

D：不要啰嗦啦，准备偷菜啦！今天我们可要满载而归啦！哈哈！

（B和C虎视眈眈地看着他们两个！）

E：哟，原来还有两位同道中人啊！怎么神情那么凝重？有什么不开心的？说出来让大家开心一下吧！

B：又来了两个偷菜的，估计这菜不够分啊！

C：那不如把他们先（抹喉动作）！

D：不要怪我太坦白！就凭这你们这几个烂番薯，臭鸟蛋，想取我的性命，未免太过儿戏吧！！！！（玩世不恭）

（B、C准备上去打他，E拉开他们）

E:等一等，等一等，我们要偷菜，只不过是一个构思，还没有成为事实，你又没有证据，我们又何罪之有呢？不如等我们偷到菜以后，你有凭有据之后，再定我们的罪也不迟啊！

B：说得也是，那就留地查看吧！

D：别吵了，菜快熟了！

（全部看表）

B、C、D、E：5，4，3，2，1，0！菜熟了，菜熟了，快偷菜啦！

（各自埋头偷菜，E捡到一个大萝卜）

E：哇，这么晶莹剔透，举世无双的大萝卜，我真是赚到了！

（D上来抢）

E：你想要啊？你要是想要的话你就说话嘛，你不说我怎么知道你想要呢，虽然你很有诚意地看着我，可是你还是要跟我说你想要的。你真的想要吗？那你就拿去吧！你不是真的想要吧？难道你是真的想要吗？

（一拳打过去，把菜抢过来，E被打晕了）

D：成天没事在那里婆婆妈妈叽叽歪歪，不把你打得满脸桃花开，你就不知道花儿为什么这么红！

C：这个世界清静了！高！（举出大拇指，夸赞）

（继续埋头偷菜）

B：看，美女！（往远处一指）

C、D：哪啊？哪啊？（不停张望，B埋头抢菜）

（C、D回过神来）

C、D：那小子阴我！（喃喃自语，继续偷菜）

D：快看，狗来了！

（B、C四处张望，D埋头抢菜）

B、C：哪啊？哪啊？

（B、C回过神来）

B、D：那小子阴我！（喃喃自语，继续偷菜）

（A出现了，E苏醒了，坐起来发现了A，惊呼）

E：看，农场主来了！

B、D：（不以为然）都是我们玩剩下的了！换点新鲜的吧！（继续偷菜）

A：好哇，你们这些偷菜贼，今天还组团偷菜来了啊？

B、C、D、E：不好，快跑（抱起菜就跑）

A：跑得脱哇？你们给我站住！把菜给我放下……（A追出去，然后集体谢幕退场）

练习三：上班八小时

旁白：说到每天上班八小时这件事，其实是21本世纪人类生活史上的最大发明，也是最长一出集体悲喜剧，你可以不上学，可以不上网，可以不上当，可以不上税，可以不上火，你就是不能不上班！

好老板遇上好员工会变坏，坏员工遇上坏老板会变乖，好老板遇上坏员工会发疯，坏老板遇上好员工会发财。

人物：

牛　华——公司老板，不讲道理的那种老板

王寿麒——一个很爱在上班时间打混摸鱼的职员

刘　茗——烟鬼，而且很迷信，上班时会给自己算命，也会给同事算命

张丽丽——一个爱化妆的女职员，上班也不忘化妆

赵　蓉——那种“男人婆”类型的女职员，对现职务很不满意，整天在报纸上找新的工作

李　强——新进职员

道具：桌子五张、椅子五把、钟表、屏风、复印机、打卡机、公告栏、三部电话、茶杯

个人道具：

牛　华——深色公文包

王寿麒——浅色公文包

刘　茗——香烟

张丽丽——口红、粉底、腮红刷

赵　蓉——报纸、手表

李　强——夹文件的夹子

（墙上的钟表指针定格在 8：50，办公室内坐着刚上班来的张丽丽、刘茗、赵蓉）

（小王左侧上场，急急忙忙，边看手表，边往办公室方向走，而这时走在他后面的牛老板快速走到他前面，站在了办公室门口）

牛华：你又迟到了！

王寿麒：可是明明还没到上班时间啊！

牛华：不要狡辩，比我晚到就是迟到，扣你今天工资，还有你要能在 7：40 以前到公司我就加你薪水。（说完绕进屏风后）

王寿麒：（指着屏风后的老板）这，这算什么呀！居然有这样的老板！哼！这老板算什么东西！（生气地说着先到打卡机前打卡，然后坐在自己的办公桌前）

（这时牛老板又从屏风后走出来，说话时王寿麒吓了一跳）

牛华：（面对张丽丽）小张啊，我让你做的上月公司的工作总结呢？ 3 分钟之后拿进来给我。

张丽丽：（面对老板）哦！

（老板走到屏风后）

张丽丽：（在办公桌上找出一个文件夹，站起来）我知道了。

刘茗：知道什么？

张丽丽：老板是个喜欢让人跑东跑西的东西。（说完走进屏风后）

（过了一会）

赵蓉：哎，你们说这个上班到底为的是什么？

王寿麒：实现自我。

刘茗：得了吧，就你，你整天打混摸鱼，从没好好上过班！

王寿麒：没错！我这就是在实现自我啊。

（这时张丽丽从屏风后走出来，很生气的样子）

张丽丽：气死我了！老板怎么这样啊！

刘茗：咋样？难到他非礼你了？

张丽丽：什么呀！哎！你们说说，我把文件送进去，他还说我不是，说什么我不守时。

赵蓉：不是他说完话你就送进去了吗？

张丽丽：你听我说嘛。他说，让你 3 分钟后拿进来，谁让你现在就送进来了，还说扣今天工资，我们怎么碰上这么一个老板啊！

王寿麒：哎！如果一周只上一天班就好了……

（这时牛老板从屏风后走出）

牛华：咳！

（王寿麒吓了一跳）

张丽丽：哦，老板，什么事啊？

牛华：哦！小张，把这个贴到公告栏上（将一张纸递给张丽丽）

（张丽丽接过公告，牛老板转身回到屏风后，刘茗、王寿麒、赵蓉也凑过来看公告，并念着）

张丽丽：喝茶视为偷懒行为，看报亦同……

刘茗：……上厕所超过 10 秒亦是偷懒行为……

赵蓉：……公文放在桌上超过十秒也是偷懒行为……

张丽丽：最后还有行小字。

王寿麒：逐条读完此公告亦是偷懒行为。

刘茗：这都什么跟什么呀！

（说着都回到了自己的位子上）

（过了一会，舞台等待时间 15 ~ 25 秒）

赵蓉：（手拿一份报纸）哎！你们看看，接二连三好多企业发生财政危机……

王寿麒：天啊！那么多钱！想一想，我一辈子也赚不了那么多钱。哎！

张丽丽：你应该乐观一点。

王寿麒：什么？

刘茗、赵蓉：你一辈子也赔不了那么多钱！

张丽丽：回答正确！

王寿麒：哼！我恨我的工作，更恨因工作必须接触的某些人，总之我恨所有跟我工作有关的事物！

刘茗：得了！别抱怨了，等会牛老板又该……

王寿麒：行行！我知道了！

（又过了一会，舞台等待时间 15 ~ 25 秒）

（这时办公室走进来一个人——李强）

（李强左侧上场，走到办公室门口，整了整自己的衣服，边敲门）

刘茗：请进。

（李强推开门，走进来，向四位鞠了一躬）

李强：你们好，我是第三分公司调过来的李强，请问经理办公室怎么走？

张丽丽：噢，朝里走，走廊最里头左手第一个门。

李强：谢谢！（鞠躬，然后走到屏风后）

刘茗：哎！又来了一位！

王寿麒：但是我觉得是好事。

张丽丽：怎么讲？

王寿麒：我很快就会解脱，我的位子很快就会有人代替！

赵蓉：行了！别臭美了，有人代替你？恐怕得再等几年。

（此时牛华和李强从屏风后走出来）

王寿麒：要是有人代替我的位子，我请你们吃饭！

张丽丽：说话得算数哦！

王寿麒：保证！

牛华：（面对王寿麒）小王啊！你把东西收拾一下，坐到旁边那张桌子上去，（转身面对李强）小李，你坐这里。

王寿麒：为什么？

牛华：没什么为什么！快点！

（王寿麒准备把桌子上的东西都收拾过去，牛华看见了又说）

牛华：把你的东西拿过去就可以了，这些东西就别拿了！

王寿麒：可是这些是我的工作啊！

牛华：这些工作你不用做了，小李会替你做的！我会安排新的工作给你。（说完回到屏风后）

王寿麒：这老板！（指着屏风后，说完坐下）

张丽丽：刚某人的话真灵啊！

王寿麒：碰上这种老板真是倒霉死了。

李强：各位大哥大姐，以后就是同事了，还希望各位多多照顾啊！

王寿麒：会照顾你的，但是我想，你应该先照顾好你自己！

李强：这话什么意思！

张丽丽：你别理他，他正和老板怄气呢！

赵蓉：（看表）哦！到点了，各位，吃午饭去吧，听说楼下的便当店新推出了韩式风味的食品哦！有我特别喜欢的寿司，哎呀，受不了了！口水都出来了！

刘茗：等会儿我，我也特别喜欢寿司。

张丽丽：切，我当什么韩式食品，不就一个紫菜包饭嘛！等会儿我。

王寿麒：为什么人家去酒店吃大餐，我们却在小店吃便当！

刘茗：新来的！是叫李强吧！

李强：叫我小李就可以了！

刘茗：要不要和我们一起去吃午餐。

李强：噢，不用了，你们去吧，我想先熟悉一下我的工作！

刘茗：今天（看王寿麒）可有人请客哦！

王寿麒：看我干什么？我……我说过吗？

张丽丽：我可记得刚才有人说，要是有人代替我的位子，我请你们吃饭！

王寿麒：行，请你们！

（说着走出办公室）

（舞台等待时间35秒）

（王寿麒、张丽丽、刘茗、赵蓉吃完饭回来，这时也快到上班时间了！牛老板出来巡视，李强、赵蓉、张丽丽、刘茗、王寿麒依次在打卡机前打卡）

刘茗：哎！你们说，有钱人跟穷人到底有什么差别？

牛华：还混什么？都几点了！抓紧时间打卡！

王寿麒：我知道了！

张丽丽：知道什么？

王寿麒：差别啊！

赵蓉：什么差别？

王寿麒：有钱人跟穷人到底有什么差别啊！

张丽丽、赵蓉、刘茗、李强：什么区别？

王寿麒：有钱人天天刷卡！穷人天天打卡。

张丽丽、赵蓉、刘茗、李强：切！

（过了一会，舞台等待时间10秒）

（王寿麒：拿着文件走到复印机旁）

王寿麒：（一边复印，一边说）哎！我的人生就像这复印机一样永远一成不变地重复（这时复印机卡住了），而且还经常卡纸！（王寿麒回到座位上）哎！真不想上班了！

刘茗：小王！

王寿麒：啊？

刘茗：我给你算了一命！

王寿麒：说说看！

刘茗：你60岁以前天天为上班烦恼。

王寿麒：那60岁以后呢？

张丽丽：哎！就是！他60岁以后呢？

刘茗：天天为没班上烦恼！难道人生只有上班这件事吗？

李强：不可能的，人生一定还有更积极的事！

王寿麒：什么事？

牛华：（这时牛老板正走出来）加班这件事！顺便通知一下，今天晚上大家加个班，（转身面对李强）小李你第一天上班，今天就不用加班了，现在你可以回家了！还有，就是从明天开始，公司决定推行“Double”政策。

张丽丽：“Double”政策？

牛华：就是业绩 Double，品质 Double，沟通 Double，分工 Double。

王寿麒：那薪资呢？

牛华：薪资“打薄”。（消失在屏风后）

（李强收拾完东西刚要迈出办公室的门，牛老板又从屏风后出来）

牛华：等等，小李，你就这么走了？你是不是忘了一件事情啊？

李强：不是您让我走的吗？您说现在我可以走了的！

牛华：但是您不能演完不谢幕就走吧！

李强：对不起老板，我忘记了。

牛华：（面对其他人）你们还坐在那里干什么？没听见我说话吗？该谢幕了！还不过来谢幕？

张丽丽、赵蓉、王寿麒、刘茗、哦，哦，哦！

（王寿麒、张丽丽、刘茗、赵蓉、牛华、李强谢幕鞠躬）

本剧完

练习四　除夕夜

时间：大年三十

地点：何家的客厅

人物：

何大妈——55 岁，生有两男一女，丈夫早年过逝

何大勇——33 岁，家中长子，待在老家以劳作为生

何小勇——26 岁，家中次子，城里一家公司的部门经理

何美丽——22 岁，家中独女，常年在外地打工

李凤喜——28 岁，家中长媳，在家侍奉婆婆、料理家务

何晓翠——6 岁，何大勇和李凤喜的独生女

黄丽娜——24 岁，何小勇所就职的公司总裁的女儿，何小勇的未婚妻

（幕启。何大勇手里拿着一个缺了口盛着糨糊的碗从厨房向客厅走来。他把碗放在桌子上，又从柜子里拿出几张春联和一串鞭炮。他把糨糊涂在春联背面准备贴春联，费了半天劲总算是大功告成。他把糨糊放在一边，拎起鞭炮到院子里放鞭炮去了。他刚走不久，房间里走出何大妈。今天是大年三十，老人的脸上却丝毫看不出高兴的表情。一阵鞭炮声过后，何大勇回到客厅。）

何大勇：妈，您起来啦。

何大妈：这外头鞭炮声噼里啪啦的，我哪还睡得着啊。

何大勇：大年三十放鞭炮还不是为了图个吉利，图个热闹嘛。

何大妈：现在就只有咱们娘儿俩，图啥热闹？这家里平时就够清静的，这大过年的反倒是更冷清了，连个说话的人都没有。

何大勇：妈，这不是还有我在家里陪您吗？有什么话，您就对我说。

何大妈：大勇啊。

何大勇：妈，您说。

何大妈：我说这凤喜怎么说走就走了呢，你是不是说了什么话惹她不高兴了？这都快一个月了，还不回家。

何大勇：妈，我没有。

何大妈：晓翠也一块儿跟她妈回娘家了，就剩下我们母子俩，这哪还像个过年啊？

何大勇：妈，是儿子没用不能让您开开心心过个年。

何大妈：什么都别说了，只要你把凤喜和晓翠给我找回来，妈就开心了。

何大勇：妈，你又不是不知道凤喜的脾气，就算我去求她，她也不会跟我回来的。

何大妈：那能怪得了谁？还不得怪你。

何大勇：妈——

何大妈：别老妈啊妈的叫，这俗话说得好，这夫妻是床头吵架床尾和。这到底有什么天大的事情，非要搞成现在这个样子啊。

何大勇：妈，我也不想啊。可凤喜就是那么倔，不听我的话。非要跟着隔壁的王大婶搞什么来料加工厂。

何大妈：开来料加工厂有什么不好？我听说隔壁村子里这两年就特别时兴搞来料加工，现在好多人家都盖起别墅了。

何大勇：妈，我知道这个能赚钱，可我是个大男人，能养得起这个家，不需要女人去赚钱。女人就该在家洗衣服，做饭，带孩子。

何大妈：大勇，你这就不对了。凤喜这么做也是为了这个家，想让大家早点过上好日子啊。再说过两年晓翠也该上学了，现在物价上涨家里的开销也不小，就靠咱家的一亩三分地哪够啊。

何大勇：可是妈，要是凤喜忙着赚钱谁来照顾你啊？

何大妈：我知道你有孝心。可是妈还不老，有手有脚的自己能照顾自己，你不是说还有你陪着妈吗？

何大勇：嗯，妈锅里还熬着粥我给您盛一碗吧。（转身去厨房）

何大妈：唉，小勇和美丽也不知道今年回不回来过年。

何大勇：妈，您快趁热喝了吧。

何大妈：大勇啊，今天就只有我们娘儿俩，妈今天给你包饺子。你到外头看看有没有卖猪肉的。去买两斤猪肉回来。

何大勇：哎！（出门）

（何大妈喝完粥，放下筷子，拿起柜子上的照片，嘴里念念有词）

何大妈:小勇、美丽,你们什么时候回来啊？妈好想你们啊。（她看了又看把照片放回原位，拿起碗欲走去厨房）

（这时门外走进来两位青年。一位身穿西装领带，风度翩翩，他就是何小勇。还有一位是个打扮得雍容华贵，颇有大家闺秀风范的姑娘。但她就是扭扭捏捏不愿进门。）

何小勇：妈，妈。

何大妈：（眼眶含泪）小勇。

何小勇：妈，是我，我回来了。（从门外拉进来一位姑娘）

何大妈：这位是？

何小勇：妈，我给你介绍一下，这是我们公司总裁的女儿黄丽娜，也是……也是我的未婚妻。

何大妈：什么？未婚妻？

何小勇：妈，对不起，我们订婚订得比较匆忙所以没有请示您老人家，还望您原谅。

何大妈：有这么漂亮的儿媳妇，妈喜欢还来不及啊。

何小勇：还不赶紧叫妈？

黄丽娜：妈。

何大妈：哎呀，你们干吗都站着，坐啊。

何小勇：（从丽娜手里拿过东西）妈，这些是我们孝敬您的，您可别嫌弃。

何大妈：（看了看）那么好的东西，妈怎么会嫌弃呢？你们回来就回来呗，干吗还带那么多东西啊。

何小勇:妈,这么些年您辛辛苦苦把我们兄妹养育成人,儿子现在赚钱了孝敬您是应该的。

何大妈：好了，这些话就别说了，你的心意妈心领了。小勇你还不去给你媳妇倒杯水？

何小勇：哎，（起身）妈，杯子放哪儿了啊？

何大妈：在柜子的抽屉里。

何小勇：找到了。（走出厨房）

何大妈：（走进房间拿了一些水果出来）我们这乡下地方没什么好吃的，这些水果是我们自家种的，你将就吃点吧。（拿起一个）

黄丽娜：妈您别那么客气，我自己来。

何小勇：丽娜，喝点水吧。妈，怎么没看见大哥和大嫂啊？

何大妈：你大哥出门买肉去了，你大嫂……

何大勇：妈。（从门外走来）

何小勇：这还真是说曹操，曹操就到。

何大妈：大勇，你看看谁回来了。

何大勇：小勇。

何小勇：哥。

何大勇：（看见黄丽娜）这是？

何大妈：这是你的弟媳妇。我去园子里摘点菜，你们兄弟俩好好聊聊。（出门）

何大勇：小勇不错嘛，找了个这么漂亮的老婆。

何小勇：怎么，难道嫂子就不漂亮吗?

何大勇：她都成黄脸婆了，漂亮个啥啊。

何小勇：哥，你怎么能这么说啊，嫂子这些年照顾家里多不容易啊。对了哥，大嫂和晓翠呢?

何大勇：她们……

何大妈：(进门)大勇啊，你到厨房帮妈打打下手。

何大勇：哎!

何大妈：小勇啊，你和你媳妇在这里坐坐，妈给你们包饺子吃。(和大勇下场)

黄丽娜：小勇，我们什么时候回去啊。爸妈还等着我们吃年夜饭呢。

何小勇：我们这才刚到家，你怎么就说要回去呢?再说妈正给我们包饺子吃呢?再怎么样也得吃完饺子再走。

黄丽娜：要吃你吃，这种鬼地方我再也待不下去了。

何小勇：什么叫这种鬼地方?这是我家，是我从小长大的地方。

黄丽娜：你说得没错这是你的家，不是我的家。

何小勇：你今天这是怎么了啊，谁得罪你了啊?

黄丽娜：你。

何小勇：我?

黄丽娜：对，就是你，你为什么要骗我?

何小勇：我什么时候骗过你啊?

黄丽娜：你忘了我可没忘，当初我爸问你家里的情况，你不是说你家虽然在农村，但住的是别墅还有花园吗?

何小勇：这，我那还不为了咱俩好啊。要是我照实说了，你爸妈能接受我吗?

黄丽娜：可你也不能对我撒谎啊。

何小勇：我，我还担心你不愿意嫁给我呢?

黄丽娜：怎么，我在你眼里是个嫌贫爱富的人吗?

何小勇：这，我现在还真不敢确定，你不是说在我家待不下去吗?

黄丽娜：你又不是不知道我平时比较爱干净，你看看你家，多脏啊。

何小勇：怎么，你嫌脏啊。那你不会帮着打扫打扫?

黄丽娜：要我打扫?我们家里这些活都是佣人干的。

何小勇：我知道你们家有钱，我们家穷请不起佣人。

黄丽娜：我只是随口说说，用不着这么讽刺我吧。

何小勇：我哪敢讽刺你大小姐啊。好了别闹了，我们吃完饺子一会儿就走。

黄丽娜：嗯!(门外传来了一个热情洋溢的声音)

何美丽：妈，大哥，大嫂，我回来了。(进门)

何小勇：别哭了，有人来了。

何美丽：二哥。

何小勇：美丽。你怎么也回来了？三年没见，真是越长越漂亮了。

何美丽：二哥，你就别取笑我了。这位是？

何小勇：我给你介绍一下。

何美丽：不用说，这位一定是二嫂了。二嫂你好，我叫何美丽，你就叫我美丽吧。

黄丽娜：你好。

何美丽：二哥，你是不是欺负二嫂了，你看二嫂眼睛都红了。二嫂，你告诉我，我哥是不是欺负你了？

黄丽娜：他，他没有欺负我，是刚才眼睛里进沙子了。（看了小勇一眼）

何美丽：二嫂，你不用怕他，如果他欺负你，你就和我说，我帮你修理他。

何小勇：美丽啊，你怎么一回来，这胳膊肘就往外拐了啊。

何美丽：二嫂又不是外人，怎么能说是胳膊肘往外拐呢？

何小勇：你这鬼丫头，在外面混了几年就会跟二哥抬杠了啊。看我一会儿怎么收拾你。

何美丽：二嫂，救命啊！二哥要收拾我啦。

黄丽娜：好啦，好啦。你们两个别闹了。妈来了。

何大妈：哎哟，这是谁来了，外头这么热闹啊。

何美丽：妈。

何大妈：美丽，美丽啊，你可回来了。妈都三年没见着你了。

何美丽：妈，这三年我也无时无刻不想着您。我每年都想回家，可您也知道这过年也就放几天假，车票又难买，今年好不容易才买上票赶回来。

何大妈：我的好闺女啊，这些年真是难为你了。你也知道家里为了让你二哥上大学，实在没有钱再供你上学了，你不怪妈吧。

何美丽：妈，过去的事就别再提了，我不怪您，是我以前年纪小，不懂事才和您怄气的。

何小勇：美丽，是二哥对不住你，二哥现在挣钱了，你年纪还不大就不要再出去打工了，二哥供你上学。

何美丽：二哥不用了。这两年我自己也攒了些钱，我这次回来就是打算过完年就去上学。

何小勇：好，二哥支持你。以后有什么需要就和二哥说，二哥一定尽力帮你。

何美丽：谢谢二哥。

何大勇：妈，饺子都包好了，该下锅了吧。

何大妈：大勇，你看看，谁回来了。

何美丽：大哥。

何大勇：美丽，你什么时候回来的？

何美丽：刚到一会儿。大哥，大嫂和晓翠呢？

何大勇：他们……

何小勇：对啊，我打回来就没见着她们，她们去哪儿了？

何大妈：哦，凤喜早上说去买点东西，我想她们一会儿就回来了。这都快中午了，怎么还没回来，大勇啊你去找找。

何大勇：妈。

何大妈：还不快去啊，难道让大家干等着。

何大勇：哎。（正欲出门）

李凤喜：妈，我回来了。

何晓翠：奶奶。

何大妈：你看她们不是回来了。凤喜，你怎么这么久才回来，大家伙儿都在等你呢。

李凤喜：真是对不住各位了。妈，这是我家里拿来的土鸡蛋，您放好了，那里还有一只水鸭。

何美丽：大嫂，你刚从娘家回来吗？妈不是说你去买东西了吗？

李凤喜：（看了何大妈一眼）哦，我买东西的时候碰到我大哥了，他在集市上做买卖呢。我说了不要，着是他硬塞给我的。

何美丽：哦，是这样啊。我刚开始还以为你和大哥吵架，回娘家了呢？

李凤喜：怎么会呢？你大哥一向对我很好。（看了大勇一眼）

何大勇：凤喜。

何大妈：还不快去下饺子。

何大勇：哎。

何晓翠：妈妈，他们是谁呀？

李凤喜：这个是你姑姑，这是你叔叔，这个是……

黄丽娜：大嫂，我是小勇的未婚妻。你好！（和小勇相视一笑）

李凤喜：你好！

何晓翠：妈妈，你快告诉我这位漂亮阿姨是谁啊？

李凤喜：她是你叔叔未来的媳妇，你就先叫她婶婶吧。

何晓翠：姑姑好，叔叔好。婶婶好，祝你们新年快乐，万事如意！

何美丽：晓翠真懂事。你看姑姑给你带什么好玩的了。（从包里拿出个玩具）

何晓翠：洋娃娃，真漂亮啊。谢谢姑姑。

黄丽娜：晓翠，快过来，婶婶这里也有好玩的。（从包里掏出个小音乐盒）

何晓翠：真好看。

黄丽娜：把它打开。

何晓翠：这个真好玩，谢谢婶婶。

何大勇：妈，饺子煮好了。（从厨房传出喊声）

何大妈：那大家去盛饺子吃吧。

何晓翠：吃饺子喽。（全下）

——谢幕

练习五　理想

时间：2007 年 × 月 × 日

地点：某城市的一个家庭里

人物：

父亲——退役老军人

女儿——大学毕业生

（父亲提着黑色行李上场）

父亲：豆豆！（四顾，自言自语）这丫头也不来接，哪儿去啦？（猛然看见桌旁红色的行李）哦！想走了？

（交换行李，然后提着红色的行李下场）

（女儿哼着小调上）

女儿：（自言自语）唉！这天气怎么这么热。到了西藏就好了。（目光突然落在行李上）哦！？我的红包怎么变成黑包了？（疑惑片刻，恍然而笑）爸爸！你在哪呢？

（父亲上场）

女儿：（迎上前）爸爸！

父亲：今天怎么不到车站来接我？

女儿：（愧疚地低下头）我报到去了。

父亲：唉！你……

女儿：我挺好的！

父亲：你就是不听我的话！

女儿：爸爸！（撒娇地挽着父亲的手）回来了，该高兴，不提这个了，好吗？

父亲：要说！这次刚作完报告我就匆匆赶回来了，还不是因为你的事！（沉默片刻，指着行李）旁边的小包里有一瓶丹参滴丸，给爸爸拿过来。

女儿：嗯。（去拿药，交给父亲）

父亲：（一边吃药）爸爸刚从西藏回来，你却又要到西藏去。这么大的事，我能不管吗？

女儿：爸爸……哥哥还不是也到西藏去了？

父亲：你哥跟你不一样！

女儿：有什么不一样嘛？我还不是一样也长大了。

父亲：（坐下，从口袋里拿出烟来，点燃）豆豆，爸爸今年多少岁了？

女儿：五十了。

父女：西藏的五十不比咱家里的五十啊！

（两人相视而笑）

父亲：（沉默片刻）豆豆，爸爸在西藏干了多少年了？

女儿：三十年了。

父女：哎！人有几个三十年！

（两人相视而笑）

父亲：三十年高原军旅生涯，爸爸身体不行了，你走了爸爸怎么办？

女儿：我知道，爸爸在西藏这么多年，很不容易。

父亲：我倒没事。（若有所思）只是……

女儿:还是那句老话，不想我受苦，对吧？（摇着父亲的胳膊）爸爸……我已经长大了！你们这辈人能吃的苦我也能吃得了。况且，现在的西藏已经不是你们那个时代的西藏了，现在进出西藏都是坐飞机了。哎，我去西藏以后，说不定周末还可以回来看你呐！

父亲：（叹一口气）你小时候……

女儿：我小时候是在部队过的……

父亲：你在家里没人照顾，三岁的时候就到边防哨所来了。那个时候，别的孩子拥有很多零食和玩具，可是你呢？在哨所上没有什么好玩的，你就和战士们玩，和阳光玩，和风沙玩。每当我在家这里看见那些白白净净的孩子，我就想起你那由于气候环境而造成的两朵高原红，我的心里就很不是滋味啊。

女儿：和哨所在一起，和那么多叔叔在一起，我觉得很开心。真的！从那个时候开始，我心里就有了一个愿望，那就是长大以后我也要当一名边防军人！

父亲：唉！有很多事你是不知道的！

女儿：我都知道！有一次我还下山去摘杜鹃花，迷了路，让叔叔们找了好久好久呢！

父亲：你还好意思！

（女儿痴痴地笑着）

父亲：你上学以后……

女儿：我在家里上的学，挺好的！

父亲：别的孩子都有家长接送，可是你呢？七八岁的时候就已经像个小大人一样了，自己洗衣服，自己买菜，有时候还要照顾你多病的妈妈……唉！这些活哪是一个孩子干的！

女儿：（沉默片刻）在学校里，老师和同学们都很尊重我，我也总是因为我是一名边防军人的后代而感到自豪呢！（摇着父亲的手）我还经常跟同学们说，我爸爸是个大英雄呐！

父亲：（推开女儿）去去去！

女儿：（撒娇地说）哎呀！（看见父亲手上的烟火灭了，拿起打火机，边点烟，边搂着父亲的胳膊，巴结巴结爸爸）。

父亲：你上大学以后……

女儿：（放下打火机）上大学以后我已经不是小孩了！

父亲：那个时候，我就很想回来了。可是，那片土地，那些战友，那份高原情，还有我们西藏军人所特有的那一份信念……唉！那一切，真是舍不得啊！结果一拖，又是几年！

女儿：（调皮地说）现在你回来了，你尽管休息吧！有我呢！

父亲：（严肃地说）我不允许你去！

女儿：爸爸……你一向都很民主，现在你怎么这么独裁呢？

父亲：你知道啥？

（电话响，两人互相瞧了一眼，然后同时伸手要接电话，又同时把手缩回）

（两人相视傻笑，然后又同时伸手要接电话）

（电话停）

父亲：爸爸真的欠你很多，对不起你啊！

女儿：不！爸爸……我从你们这代人身上真的得到了很多，女儿已心满意足了。

父亲：还有你妈妈……

女儿：生老病死，人生之规律，怪不了爸爸。

父亲：你妈死的时候都没责怪过我，（冲动地说）你知道吗？你们越是不怪我，我心里就越是难受啊！

女儿：爸爸……

父亲：豆豆，爸爸还应该感谢你！

女儿：爸……

父亲：女儿那么理解我，够了！

女儿：（搂着父亲，恳求地说）那么，爸爸你也该理解我嘛。

父亲：（摇着头）很多事情你不知道啊！

女儿：（娇嗔着推开父亲）你怎么老说很多事我不知道嘛！

父亲：唉……

女儿：你一腔热血报效祖国，放弃组织对你这个烈士后代的照顾，放弃大城市的舒适生活，自愿到雪域高原去，我不知道吗？你长期在边防哨卡吃苦，创业，战斗，忍受着常人难以想象的寂寞和缺氧的疾苦，我不知道吗？你为了阳光，为了雪山，为了军营，为了边境的安宁，献出了青春，又把哥哥送到了西藏，我不知道吗？你因为高原性心脏病不得不离开你深深眷恋的那片土地，退役后还怀着你们老西藏的那一份信念到处作报告，我不知道吗？

父亲：（突然站起身）豆豆！

（两人木然不动，时间仿佛凝固了似的）

父亲：豆豆，有些事我确实不想告诉你。

女儿：（向父亲走去）爸爸……

父亲：爸爸心里不安啊！

女儿：爸爸……

父亲：（突然激动地说）你到西藏去，叫我如何对得起我的战友！

女儿：什么战友？

父亲：你的父母！

女儿：（惑然不解）我的父母？

父亲：是！是你的亲生父母！

女儿：我的亲生父母就是爸爸你和妈妈呀！

父亲：不！你的亲生父母是我的战友。

女儿：你说什么？（冲动地说）不！不可能……我只有爸爸你和妈妈！

父亲：豆豆，你冷静一点！

女儿：（哭）你撒谎你撒谎！

父亲：你冷静一点！

女儿：你叫我怎么冷静得了？

父亲：这是千真万确的事，我只是一直不想告诉你。现在，你要到西藏去，我埋藏多年的心事不能不告诉你啊！

女儿：（歇斯底里地说）不！（转身冲到一旁）

父亲：你的亲生父母是和我同年进藏的战友，都是我们那个时代的热血青年。因为工作的需要，你生父和我一起被分到一线哨卡去，你生母被分到了二线医院。

（女儿呜咽着，父亲轻轻地走近）

父亲：你两岁的那一年，你的生母抱着你来到了哨卡。你们全家在一起的快乐的光景，现在我还历历在目！一个月后，你的生父送你们母女俩下山，就在那条天气好也要走上七个小时的山路上，不幸的事情发生了。（情绪低沉）你们全家走后两个多小时，天就下起了大雪，那场雪是我到哨卡以来遇到的最大的一场雪！我心里想，不好！就带着战士们沿途去找你们，可是万万没想到，六个小时后在一个山谷里找到你们时，那情景让我们都惊呆了——你的亲生父母伤痕累累，（悲伤而亢奋地说）他们脱下了自己的衣服，紧紧地裹着你；他们用自己的身躯，紧紧地拥抱着你，保护着你！你生父是在受伤后冻死的，死的时候身上只穿着一条短裤和背心！你的生母还有一口气，临终时对我说——

（画外女声）俊林，孩子就托付给你了。关于她的身世，以后还是别告诉她，以免她觉得自己是个没爹没娘的孩子，影响她的身心健康。这孩子嘛，不求她长大以后轰轰烈烈，只求她一生平平安安就行了。

（女儿背着父亲哭着）

父亲：后来，我就发誓，一定要让你像其他孩子一样幸幸福福地生活。（内疚地说）可是，因为这身军装，我没做到。为了我们这一辈边防军人的理想，我把你哥送到了西藏。现在，你又要到西藏去，你传承了前辈的精神，我很高兴，很宽慰，可是，想起你生母临终时留下的嘱托，我心里难受啊！

（女儿哭得更甚）

父亲：（对着女儿）孩子！

（女儿只哭，没有反应）

父亲：豆豆！

（女儿仍然哭着）

（父亲往女儿手里塞进一条手帕，女儿把手帕扔在地上）

（父亲摇摇头，沉默片刻，悄然而下）

女儿：我恨你……（哭喊着）你为什么要告诉我？你为什么要告诉我呀！我不想知道这些！我真的不想知道这些呀！（抽泣一会儿）爸爸！爸爸！爸——爸——

（女儿轻轻转过头，发现父亲已不在，愕然）

女儿：（寻视）爸爸！爸爸！（大声地哭喊）爸——爸——

（回声如浪，逐渐减弱）

（父亲提着女儿那红色的行李和一只旧军用挂包缓缓而上，然后站着，深情地望着女儿）

（女儿在寻觅中突然看见父亲，异常惊喜）

女儿：（迎上前去）爸爸！（站住）

父亲：豆豆，你去吧，去你想去的地方！那是你的爸爸们和妈妈们最初的希望！爸爸不拦你！

（女儿激动地望着父亲）

父亲：（放下行李，把那只旧军用包递给女儿）带上这个！这是你亲生父母当年在大雪中脱下来给你保暖的衣服。

（女儿接过旧军用挂包）

父亲：这不是什么贵重物品，它是你已经接受了的东西，（激昂地说）那就是我们这一代西藏军人的一种奉献精神！一种信念！（感慨地说）现在，国家强盛了，人民富裕了，别人给后代留下的是财产，是金钱，可是，我们军人给后代留下的，却是一种精神，一种信念！财产和金钱是容易被挥霍掉的，但信念，却是不倒的！是永恒的！

女儿：爸爸……

（音乐渐起。父女俩紧紧地拥抱在一起）

（音乐将情绪推向高潮。切光）

——谢幕

第三章　商展服务训练

商展服务是指模特在商业产品展示活动中，不仅充当产品展示的模特，还同时担任产品性能、特点的解说者。在商展服务活动中，模特是全场的焦点，他（她）的外形、气质、谈吐直接关系到企业形象塑造的成功与否，也影响该企业的品牌声誉与地位。在商展活动中，模特不再是处于被聘用的被动地位，而是要把自己融入所服务的企业，一切言谈举止都要从企业形象的利益出发，真诚、竭力地为企业形象服务。

对于商展服务模特的工作要求可以分为以下两个方面：

第一，商展解说。

（1）能够主动、热情、耐心、周到地接待宾客。

（2）能够准确、清晰地介绍品牌和商品的有关知识，做到语速适中，语气亲切。

（3）礼仪接待知识。

（4）主持人基础知识。

第二，商展造型。

（1）能针对特定品牌或商品进行流畅的造型变化。

（2）能在造型表演过程中体现品牌形象。

（3）模特造型的动静关系。

（4）模特形象与品牌形象的关系。

从以上要求我们可以看出，商展服务是对模特技能的综合运用，要求模特既能根据产品特点完成静态造型，又能面对摄像机镜头完成动态展示，还能向观众进行产品性能、特点的讲解。因此，在完成了静态造型、动态表演两个部分的技能训练以后，我们还要针对“商展解说”中的体态、普通话、口语表达、品牌介绍等四个方面来进行训练。

第一节　体态练习

“体态语”是美国宾夕法尼亚大学的伯德惠尔斯教授创造的概念，即用身体动作来表达情感、交流信息、说明意向的一种沟通手段。体态语是一种表达和交换信息的可视化（有的伴声）符号系统，它由人的面部表情、身体姿势、肢体动作和体位变化等构成。在现实生活中，体态语使用极其广泛，而且有时更能无声胜有声地巧妙表达信息，同时留给对方更大的想象空间。心理学家得出一个有趣的公式：一条信息的表达 =7% 的语言 +38% 的声音 +55% 的人体动作。因此，体态语常被认为是辨别说话人内心世界的主要根据，是一种人们在长期的交际中形成的一种约定俗成的自然符号。

对于一个优秀的模特来说，在商展解说服务中，要时刻注意你的“体态语”传达给观众的细微信息。如果运用得好，将会增强口语表达的效果、弥补口头语言表达的乏力与不足。

练习一　站姿练习

在进行商展解说服务时，首先要注意自己的站姿，争取给观众留下精神饱满、胸有成竹的好印象。无论采取何种站姿，都要注意：后背挺直、挺胸收腹；两肩放松、膝盖绷直、重心放在两脚中间。

1. 站姿一：“丁字步”。对于女模特来说，通常采用“丁字步”的站姿。右脚在前、左脚在后，前脚脚尖指向正前方或稍向外侧倾斜，两脚延长线的夹角呈 45 度左右，两脚脚跟距离 15 厘米左右。这种姿势重心不固定，可以随着上身前倾或后移而分别定在前脚与后脚上。另外，由于上身可前可后，可左可右，还可以转动，这样能保证手的姿势变化不受限制。

2. 站姿二：分腿站姿。男模特通常采用分腿站姿。站立时，双脚分开不超过肩宽，脚尖展开，两脚夹角呈 60 度。双脚距离太近会影响呼吸声音的表达，太远则会显得拘束。站立时还应该注意挺胸直腰，收颌收腹，双目平视。

练习二　表情练习

达尔文说：“面部与身体的富于表达力的动作，极有助于发挥语言的力量。”法国作家罗曼·罗兰也曾说过：“面部表情是多少世纪培养成功的语言，是比嘴里讲的更复杂千百倍的语言。”在商展服务中，模特面对观众时，你的表情是否真诚、是否亲和、是否适度，都会影响你的解说效果。因此，我们对面部表情的运用要注意以下几点：

1. 真诚而不做作。人是一种敏感的个体，我们可以通过观察别人的脸色来知晓其内心世界，因此真诚很重要，虚假的表情会让人对你产生不信任感。

2. 适度而不夸张。面部表情不要变化太快，也不能过分夸张，“泛滥”的表情不仅不会帮助你得到大家的共鸣，反而会扰乱观众的注意力，令人反感。

3. 温和而不呆滞。人们愿意倾听一个表情温和的解说者的长篇大论，却不愿意面对一个面无表情的“帅哥靓女”，更不愿意看到一个有着“似笑非笑”面部表情呆滞的解说者。因此，“亲和力”和“微笑”一定是你的制胜法宝！

4. 丰富而不单调。丰富明快的表情可以形成富有感染力的“情绪辐射”。如果表情单一，即使是“笑眯眯”，那也是另一种形式的表情苍白，因为其他应当随表达内容变化的表情，完全被淹没在脸谱化的“笑眯眯”当中了。

练习三　手势练习

手势动作语言是一种表现力极强的肢体语言，它不仅丰富多样化，而且简便、直观性强，所以运用范围广、频率高、收效好。尤其对于商展解说服务中的模特来说，在对产品进行语言解说的同时，手势的运用与搭配是否合适，是否及时，是否能够对观众起到提示作用，都显得非常重要。在对手势的运用中，要注意以下几点：

1. 动作干脆，果断不拖沓。讲解中的辅助展示动作，一定是说到哪里，做到哪里。当解说到某一个功能时，要及时给予手势的提示，或者进行该功能的操作示范。在进行某一个动作示范时，可以把讲解词的语速适当放慢或停顿。示范时，手部的动作要干脆利落，不能让观众看你折腾半天还不明白你在做什么。

2. 动作大方，自然不拘谨。在动作转换中神态、表情、肢体要自然，不能因为紧张而僵硬，也不能因为要“背”出事先准备好的动作而刻意而为。有些模特因为拘谨，讲解时的手势动作幅度很小，而且动作很碎。这样容易给观众留下“小家子气”的印象，从而对你产生反感，因而影响产品的形象及活动效果。而一个大方自然、举止端庄的展示模特，给观众带来的是一种美的享受，因而会对你所讲解的产品印象深刻。

3. 动作简洁，直接不花哨。有些初次担任商展服务工作的模特，有时为了不让自己冷场，会在讲解中设计安排很多的手势动作；有时为了“出新”、“出彩”，也会设计很多花哨的手势动作；还有的模特因为紧张，在解说时手部不自觉地会有很多“垃圾动作”。这些都是在商展活动中非常忌讳的。

在产品讲解中搭配手势，是为了帮助观众更好地加深印象，理解产品特点。对产品进行讲解时，手势不能没有，但是也不能太多、太花哨，这样会转移观众的注意力。把观众从“听解说”中拽了出来，变成“看手势”，这样的结果正好和我们的初衷相反。因此，搭配产品讲解的手势动作一定要简洁、直接，不能喧宾夺主。

第二节　普通话练习

学习普通话的基本方法如下：

1. 理解普通话语音的基本概念。在学习普通话语音及发声前，我们要对语音及发声的基本概念有一定的了解，以提高我们学习的效率，增强学习效果。

2. 提高普通话语音的听辨能力。只有增强我们普通话语音的听辨能力，才能对我们普通话语音和播音发声的学习作指导，作修正，使标准读音成为习惯读音，使我们的用声科学。听力是学好语言的重要前提和基础，这样才能分辨出什么是标准的普通话，什么是不标准的普通话，什么是圆润动听的声音，什么是干瘪刺耳的声音，听得多了，听得准了，说起来自然也就容易多了。

3. 循序渐进地进行普通话练习。学习普通话语音及发声是一个循序渐进的过程。学习语言，最重要的就是多练习，坚持不懈地练习，以加强和巩固自己对正确语音和正确发声方法的印象。练习普通话发音时，先从单音节字、双音节词开始，找出自己语音不规范的地方，然后找出原因，纠正读音，不断巩固练习，再加大练习的难度。例如，把易混的字词放在一起做练习，把自己发音中的难点字音放到句子里、文章里去练习，不断提高自己正确的发音能力。只有坚持不懈地进行反复的大量的练习，才能纠正不规范的发音、不良的发声习惯，使正确规范的语音、语调以及科学的用声习惯不断得到稳固，使普通话水平不断得到提高。

4. 营造学习普通话的氛围。学习一种语言，如果能够在特定的语言环境里学习则是一件比较容易的事情。在一定的语言环境里，我们不断地受到这种语言的影响刺激，不断地巩固和加强这种语言的表达能力，也就能更快地掌握这门语言，普通话的学习也是如此。首先是“多听”，在普通话学习的入门阶段，多听普通话语音及表达都非常规范的主流的新闻类节目，对于提高我们的普通话语感很有帮助。其次是“多练”。可以准备一个小录音机，经常在自己做练习时进行录音，然后通过听录音来检查自己的语音以及音色是否动听，和规范的读音作比较，以便发现问题，及时纠正问题。最后是对话练习。我们可以和讲普通话比较标准的人多交流，多对话，以提高自己的语言表达能力。只有通过大量的有针对性的练习和听辨能力的不断提高，才能较快提高普通话的语音水平以及发声的能力。

练习一　声母练习

1. 声母的概念。按汉语语音学的传统分析方法，把一个汉语音节起头的辅音叫做声母。普通话中有 21 个辅音声母。b、p、m、f、d、t、n、l、g、k、h、j、q、x、zh、ch、sh、r、z、c、s。声母发音的准确程度关系到普通话吐字是否清晰，它是普通话语音规范的重要组成部分。

2. 声母的发音规则。从准备发音到发音结束的过程，声母发音的基本过程可以分为成阻、持阻、除阻三个阶段：

（1）成阻：发辅音过程的开始阶段，即发音过程中阻碍作用开始形成，发音器官从静止或其他状态转到发一种辅音时所必须构成阻碍状态的过程。

（2）持阻：发辅音过程的中间阶段，即发音过程中阻碍作用的持续，发音器官从开始成阻到最后除阻的一种中间过程。

（3）除阻：发辅音过程的最后阶段，即发音过程中阻碍作用的解除，发音器官从某种阻碍状态转到原来静止或其他状态的一种过程。

声母的发音部位：气流在口腔中受到阻碍的位置。根据声母发音时受阻的部位不同，可将声母分为七类：

（1）双唇阻（b、p、m）：上唇与下唇接触，闭拢成阻。

（2）阻（f）：上门齿与下唇接触成阻。

（3）舌尖前阻（z、c、s）：舌尖与上门齿背接触或接近成阻。

（4）舌尖中阻（d、t、n、l）：舌尖与上门齿齿龈接触抵住成阻。

（5）舌尖后阻（zh、ch、sh、r）：舌尖与硬腭前部接触或接近成阻。

（6）舌面阻（j、q、x）：舌面前部与硬腭前部成阻。发音时舌尖抵住下齿龈，舌面前部接触或接近硬腭前部成阻。

（7）舌根阻（g、k、h）：舌根与硬腭软腭交界处接触或接近成阻。

3. 声母的发音方法。声母的发音方法是指发辅音时，呼出气流破除发音部位构成的阻碍的方法。根据声母的发音方法，可将声母分为五类，即塞音、擦音、塞擦音、鼻音、边音。

（1）塞音（b、p、d、t、g、k）：发音时，成阻阶段—发音部位两点紧闭；持阻阶段——

呼出气流蓄在成阻部位后面蓄而待发；除阻阶段——成阻部位突然打开，气流呼出，爆发破裂成声。

（2）擦音（f、h、x、s、sh、r）：发音时，成阻阶段——发音部位两点接近但不接触，中间留有狭窄缝隙；持阻阶段——呼出气流由发音部位两点间的缝隙间挤过，摩擦成声；除阻阶段——摩擦音结束。

（3）塞擦音（j、q、zh、ch、z、c）：是塞音和擦音两种发音方法的结合。发音时，成阻阶段至持阻阶段的前段——发音状态与发塞音时相同；持阻阶段的后段——发音状态变成发擦音的成阻状态，即发音部位两点接近留有缝隙使气流挤过，摩擦成声至除阻阶段发音结束。

（4）鼻音（m、n、ng）：发音时，成阻阶段——发音部位两点紧闭关闭口腔气流通路；持阻阶段——声带颤动，软腭下垂，鼻腔通路打开，声波随呼出气流进入鼻腔，气流由鼻孔透出形成鼻音；除阻阶段——打开口腔通路发音结束。

（5）边音（l）：发音时，成阻阶段——发音部位两点即舌尖抬起与上门齿齿龈后部接触，舌两边留有空隙；持阻阶段——声带颤动声波随呼出气流由舌前部两边透出形成边音；除阻阶段——发音部位两点分开，发音结束。

声母发音方法中还要具备两个条件：清浊的区分和送气与否。

清浊的区分：发音时声带震动与否。发音时，声带不闭合，气流不冲击声带，声带不震动的是清辅音：b、p、f、d、t、g、k、h、j、q、x、zh、ch、sh 发音时声带闭拢，气流冲开声门；使声带发生震动造成声波的是浊辅音：m、n、l、r。

送气与否：是指气流除阻时的强弱情况。发音时呼出气流较微弱，为不送气音：b、d、g、j、zh、z。发音时呼出气流较强，有喷发出口的感觉为送气音：p、t、k、q、ch、c。

零声母：按汉语语音学的传统分析方法，把汉语音节中没有辅音的声母叫做零声母。这里需要注意的是，零声母音节并不是纯元音开头，在发音时，都要让第一个元音的发音稍带摩擦的成分，以提高语音的清晰程度。

实战练习：

1. 单字、词语练习：巴 播 班 奔 帮 泵 比 背 布 崩 笨 标 备 悲 边 丙 埠 碧 扮 暴 百 倍

本部 板报 包办 标兵辨别 遍布 把柄 颁布 宝贝 报表 卑鄙 背包 标本 病变 播报 奔波 臂膀 斑白

别具一格 宾至如归 悲欢离合 百发百中 波澜壮阔 博学多才 包罗万象

不得人心 闭关自守 不谋而合 背井离乡 奔走相告 半信半疑 百折不挠

2. 声母对比词组练习：

（1）b 和 p 的对比词组练习。

被俘——佩服　　毕竟——僻静　　背脊——配给

备件——配件　　火爆——火炮　　七遍——欺骗

（2）d 和 t 的对比词组练习。

盗取——套取　　吊车——跳车　　赌注——土著　　调动——跳动

（3）n 和 l 的对比词组练习。

千年——牵连　　恼怒——老路　　允诺——陨落　　难住——拦住

门内——门类　　南部——蓝布　　蜗牛——涡流　　无奈——无赖

（4）g 和 k 的对比词组练习。

骨干——苦干　　河谷——何苦　　歌谱——科普

工匠——空降　　个体——客体　　感伤——砍伤

（5）f 和 h 的对比词组练习。

开方——开荒　　防空——航空　　幅度——弧度　　理发——理化

复员——互援　　防止——黄纸　　开发——开花　　初犯——出汗

公费——工会　　飞机——灰鸡　　仿佛——恍惚　　发现——花线

反复——欢呼　　粉尘——很沉　　伏案——湖岸

（6）j 和 q 的对比词组练习。

经常——清偿　　手脚——手巧　　迹象——气象　　激励——凄厉

积压——欺压　　集权——齐全　　居室——趋势　　简陋——浅陋

（7）平翘舌对比词组练习（z、c、s 与 zh、ch、sh）。

三头——山头　　综合——中和　　冲刺——充斥　　自立——智力

栽花——摘花　　私人——诗人　　散光——闪光　　俗语——熟语

死命——使命　　姿势——知识　　暂时——战时　　增收——征收

桑叶——商业　　食宿——实数　　推辞——推迟

（8）平翘舌音辨正。

z——zh　　自治　尊重　增长　做主　杂志　再植　资助　自重　罪状　宗旨　遵照　坐镇　作战　总之

zh——z　　制造　转载　追踪　振作　正宗　准则　种子　知足　职责　沼泽　种族　装载　正在　主宰

c——ch　　菜虫　操场　财产　擦车　促成　采茶　残喘　吃虫　磁场　仓储　辞呈　操持　错处　彩绸

ch——c　　炒菜　冲刺　尺寸　陈词　差错　纯粹　初次　船舱　场次　春蚕　除草　揣测　陈醋　储藏

s——sh　　松树　宿舍　算术　损失　三山　死尺　丧失　诉说　琐事　素食　随时　所属　私塾　散失

sh——s　　收缩　神速　哨所　殊死　申诉　疏松　山色　深思　上司　胜似　输送　生死　世俗　绳索

（9）鼻音和边音辨正：鼻音 n，边音 l。

n——l　　农林　年轮　耐劳　哪里　脑力　奴隶　纳凉　奶酪　内涝　暖流　能力　凝练

l——n　岭南　辽宁　冷暖　留念　烂泥　连年　来年　老娘　林农　落难　历年

（10）唇齿音和舌根音辨正：唇齿音 f，舌根音 h。

f——h　凤凰　繁华　附和　防护　发挥　返回　妨害　放火　符号　愤恨　风寒　绯红

h——f　恢复　会费　活佛　荒废　划分　换防　豪放　合法　黄蜂　混纺　护法　焕发

3. 绕口令练习：

（1）八百标兵奔北坡，炮兵并排北边跑。
炮兵怕把标兵碰，标兵怕碰炮兵炮。

（2）爸爸抱宝宝，跑到布铺买布做长袍，
宝宝穿了长袍不会跑。
布长袍破了还要用布补，
再跑到布铺买布补长袍。

（3）巴老爷有八十八棵芭蕉树，来了八十八个把式要在巴老爷八十八棵芭蕉树下住。
巴老爷拔了八十八棵芭蕉树，不让八十八个把式在八十八棵芭蕉树下住。
八十八个把式烧了八十八棵芭蕉树，巴老爷在八十八棵树边哭。

（4）牛良蓝衣布履杠楠木，刘妞绿衣挎篓买蓝布，
牛良的楠木上房梁，刘妞的蓝布做衣裳。

（5）大梁拴好牛在柳树下纳凉，
碰上从牛栏山牛奶站挤了牛奶要拎到岭南乡牛奶店的刘奶奶，
大梁忙拉刘奶奶到柳树下纳凉，
接过刘奶奶的牛奶去岭南乡牛奶店送牛奶。

（6）刘庄有个刘小柳，柳庄有个柳小妞。
刘小柳放奶牛，柳小妞路边种杨柳。
刘小柳的牛踩了柳小妞的柳，柳小妞的柳扎了刘小柳的牛。

（7）上桑山，砍山桑，背着山桑下桑山。

（8）锄长草，草长长，长草丛中出长草，锄尽长草做草料。

（9）四是四，十是十，十四是十四，四十是四十，
谁能说准四十、十四、四十四。谁来试一试。

（10）四十个十四十，十四个四十四。十四是十四。四十是四十。
谁说十四是“时事”就打谁十四，谁说四十是“事实”就打谁四十。

（11）我说四个石狮子，你说十个纸狮子。石狮子是死狮子，四个石狮子不能嘶；纸狮子也是死狮子，十个纸狮子也不能撕。狮子嘶，撕狮子，死狮子，狮子尸。要想说清这些字，必须读准四、十、死、尸、狮、撕、嘶。

（12）我们要学理化，他们要学理发。理化不是理发，理发也不是理化，理化理发要分清。学会理化却不会理发，学会理发却不会理化。

（13）风吹灰飞，灰飞花上花堆灰。风吹花灰灰飞去，灰在风里灰飞灰。人是人，银是银，人银要分清。银不是人，人不是银，发不清人银弄不清语音。

练习二　韵母练习

1. 韵母的概念。韵母是一个音节中声母后面的部分。大部分韵母可以自成音节。普通话共用 10 个单元音 a、o、e、ê 、i、u、 ü 、er、–i（前）、–i（后）。两个或三个单元音可以组成复元音韵母。一个或两个元音加上 n、ng 可以组成鼻韵母。构成普通话韵母的基本音素有 12 个，它们是 10 个单元音和 2 个鼻辅音。按韵母的结构分类，39 个韵母中有单元音韵母 10 个，复元音韵母 13 个，鼻韵母 16 个。

2. 韵母的发音规则。

（1）单元音韵母的发音规则。发舌面元音时，口腔的变化主要与舌位的高低前后、唇形圆展有直接关系。舌位是指发元音时，舌面隆起的最高点即最接近上腭的一点，也叫近腭点。

舌位的高低：发音时，舌面隆起的最高点同上腭距离的大小。距离小就叫做“舌位高”，距离大就叫做“舌位低”。舌位的高低与口腔的开合有关，舌位越高开口度越小，舌位越低开口度越大。

舌位的前后：发音时，舌面隆起的最高点的前后。前元音即发音时舌头略向前伸平，舌尖和下齿背接近，舌高点在舌面的前部。后元音即发音时舌头后缩，舌尖不与下齿背接触，舌高点在舌面的后部。央元音即舌高点在舌面中部，并与硬腭中部相接近。

唇形的圆展：在相同舌位状态的条件下，由于唇形圆展的不同也会形成不同的元音。

（2）复元音韵母的发音条件。在复元音韵母的发音过程中，舌位的前后、高低和唇形的圆展要发生连续的移动、变化，是元音音素间彼此受到影响而发生变化复合形成的。这里要注意的是，舌位唇形由一个元音的发音状态滑动变化到另一个元音的发音状态是一个有机的结合。三合韵母发音时，处于中间转折位置元音音素的舌位、唇形不再是单元音的标准位置，而是向起始和终止元音音素偏移、变化。舌位滑动的过程也叫做舌位动程。根据韵腹所处的位置，将复韵母分为：

①前响复韵母：发音时，前面的元音清晰响亮，音值稍长。

②后响复韵母：发音时，后面的元音清晰响亮，前面的元音轻短。

③中响复韵母：发音时，中间的元音清晰响亮，前后元音轻短模糊。

④鼻元音韵母的发音规则。发鼻元音韵母时是由元音的发音状态向鼻音的发音状态逐渐变化，最后完全变成鼻音的。发音时，先抬起软腭堵塞住鼻腔的通路，然后逐渐抬起舌的前部或者是后部堵塞鼻腔通路，再放松软腭。让气流从鼻腔中流出，发出鼻音。这里要注意的是，不能把元音鼻化，也就是说不能让鼻音前面的元音也带上鼻音的色彩。因此，就要注意不要让气流过早地进入鼻腔，一定要到尾音的时候再进入鼻腔。另外。在鼻辅音的归音上，只要发音位置正确，归音到位，趋向明显就可以了，不要刻意地去追求鼻音，这样会显得很不自然，字音也不清楚。前鼻音韵母是指带鼻尾音 [n] 的韵母；后鼻音韵母是指带鼻尾音 [ng] 的韵母。

实战练习：

1. a——舌位低、不圆唇、央元音练习：

阿 玻 擦 搭 法 尬 哈 卡 辣 码 纳 爬 撒 他 瓦 崖 砸 眨

爸爸 妈妈 发达 打靶 打发 哈达 腊八 喇叭 喇嘛 拉萨 麻纱 马达 沙拉 牵拉

张大妈夏大妈

张大妈，夏大妈，你看咱社的好庄稼。高的是玉米，低的是芝麻，

开黄花、紫花的是棉花，圆溜溜的是西瓜，谷穗长得像镰把，勾着想把地压塌。

张大妈，夏大妈，边看边乐笑哈哈。

2. o——舌位半高、圆唇、后元音练习：

播 魄 佛 拨 婆 膜 驳 脉 磨 喔 末 博 玻 颇 哟 叵 默 摩 沫 沃

伯伯 婆婆 泼墨 破墨 漠漠 魔术 抹杀 脉脉 慢吸 摸底 薄膜 磨炼 磨破 蘑菇

墨与馍

老伯伯卖墨，老婆婆卖馍。老婆婆卖馍买墨，老伯伯卖墨买馍。

墨换馍老伯伯有馍，馍换墨老婆婆有墨。

3. e——舌位半高、不圆唇、后元音练习：

得 特 勒 蛇 歌 革 葛 者 浙 车 个 科 仄 渴 课 喝 惹 贺

特色 特赦 哥哥 这个 舍得 咋舌 啧啧 色泽 遮折 割舍 隔阂 各个 各色 折射

鹅和河

坡上立着一只鹅，坡下就是一条河。宽宽的河，肥肥的鹅。鹅要过河，河要渡鹅。

不知是鹅过河还是河渡鹅。

4. ê——舌位半低、不圆唇、前元音练习：

这个音素在普通话中只与 i、n 一起构成复韵母，单念只有一个“欸”（ai）字。

学业 雀跃 血液 贴切 雪夜

5. i——舌位高、不圆唇、前元音练习：

习 姨 低 急 底 弟 梯 题 体 替 妻 器 腻 梨 理 力 基 敌 挤 济

鼻翼 比拟 笔迹 笔记 臂力 栖息 极力 遗弃 疑义 以及 义旗 议题 屹立 异己

王七上街去买席

清早起来雨稀稀，王七上街去买席。骑着毛驴跑得急，捎带卖蛋又贩梨。

小跑跑到小桥西，毛驴一下跌了蹄。打了蛋，撒了梨，跑了驴，急得王七眼泪滴，又哭鸡蛋又骂驴。

一匹布、一瓶醋

肩背一匹布，手提一瓶醋，走了一里路，看见一只兔。卸下布，放下醋，去捉兔。跑了兔，丢了布，洒了醋。

6. u——舌位高、圆唇、后元音练习：

俗　都　独　素　赌　度　秃　徒　土　兔　奴　怒　卢　普　路　姑　骨　故　枯　库

服务　护符　俘虏　浮土　幅度　俯伏　辅助　辜负　骨碌　古朴　谷物　服输　股骨　鼓舞

山上五棵树

山上五棵树，架上五壶醋，林中五只鹿，箱里五条裤。

伐了山上的树，搬下架上的醋，射死林中的鹿，取出箱中的裤。

胡老五和吴小虎

胡家胡同有一个胡老五，吴家胡同有一个吴小虎，五月二十五的五点二十五，

胡老五走出胡家胡同来找吴小虎，吴小虎在吴家胡同迎接胡老五。

画老虎

纸上画老虎，又画一只兔，老虎想吃兔，兔子怕老虎。

老虎追小兔，可怜兔子弱，兔子下虎肚

7. ü——舌位高、圆唇、前元音练习：

淤　于　雨　玉　女　妞　驴　吕　绿　居　局　举　巨　区　渠　曲　去　虚　徐　许

女婿　吕剧　旅居　屡屡　曲剧　居于　语句　屈居　渔具　语序　栩栩　郁郁

遇雨

豫剧女小吕这天天下雨，体育运动委员会穿绿雨衣的女小吕，

去找计划生育委员会不穿绿雨衣的女老李。

体育运动委员会穿绿雨衣的女小吕，

没找着计划生育委员会不穿绿雨衣的女老李；

计划生育委员会不穿绿雨衣的女老李，

也没见着体育运动委员会穿绿雨衣的女小吕。

养鱼

大渠养大鱼不养小鱼，小渠养小鱼不养大鱼。

一天天下雨，大渠水流进小渠，小渠水流进大渠，

大渠里有了小鱼不见大鱼，小渠里有了大鱼不见小鱼。

村里新开一条渠

村里新开一条渠，弯弯曲曲上山去。

河水雨水渠里流，满山庄稼一片绿。

8. er——卷舌、央元音练习：

这是特殊元音。发音时，舌前部上抬，舌尖向硬腭卷起。这里需要注意的是，不代表音素，只表示卷舌的动作，所以 e 和 r 的距离要紧凑，弱化 r，不要发得很笨拙。

儿　而　尔　耳　迩　洱　饵　二　贰

儿女　儿孙　儿戏　而今　而且　而立　而已　尔后　耳朵　耳福　儿童　耳环　耳机

9. i（前）——舌尖前不圆唇元音练习：

这是特殊元音。发音时，舌尖轻抵下齿背。舌面前部朝向上齿龈，但不要接触，也不要发生摩擦。在普通话里只能和 z、s、c 相拼，不能自成音节。

词　瓷　此　次　兹　滋　紫　子　字　自　司　死　四　踢　孜　辞　思　籽　赐　肆

字词　刺丝　自私　自此　孜孜　此次　刺字　赐死　嗣子　次子　子嗣　四次。

10. i（后）——舌尖后不圆唇元音练习：

这是特殊元音。发音时，舌尖朝硬腭前部翘起，舌头后缩，使气流受到一定的节制，但不要发生摩擦。在普通话里只能和 zh、ch、sh、r 相拼，不能自成音节。

练习三　声调练习

1. 声调

一个汉字就是一个音节，音节是语言中最小的使用单位。构成这最小使用单位的有三种成分，起头的音是声母，其余的是韵母，构成整个音节音调高低升降叫做声调。声调区别音节的功能完全和声母、韵母一样重要。

声调就是物理声学上的“基频”，它是由声振动频率决定的。声调的高低升降就是“音高”的高低升降。它可以表现出音节的高低抑扬变化。普通话语音把音高分成“低、半低、中、半高、高”五度。阴平声高而平，阳平声是中升调，上声是降升调，去声是全降调。

同样是变化，但人与人的嗓音高低是不一样的，这种高低叫“音域”，所以男性与女性的“音域”是不同的。同性别人群中，音域的宽窄有差别。声调高低并不是要求人人都发得同样高。要了解相对音高的意义，这就是在个人有限的音域范围内做到音调高低升降的有序变化，这样我们就能更好地去掌握声调和利用声调去练习自己的声音，纠正自己的字音，使自己发音更符合规范的要求。

2. 普通话的调类和调值

普通话语音里，声调有四个，阴平是第一声，阳平是第二声，上声是第三声，去声是第四声，统称四声。也就是普通话里的四个调类，它采用一种五度标记法，作为标调符号来描写音节的声调。它们的调值分别为：55（阴平）、35（阳平）、214（上声）、51（去声），这也是声调实际的念法。

3. 声调练习

普通话声调练习，要找到规律，在四声准确发声的基础上，根据内容有感受地发出每个音节。反复大量练习：单音节、双音节、四音节、诗、段子、绕口令等。练习时注意高音不挤、低音不散，声音由小到大、由弱到强、刚柔结合、控制适度。

实战练习：

1. 同声韵四声音节

注意四声要准确，出字要有力，咬住字头，拉开字腹，收住字尾；声音连贯，气息控制自如。

（1）唇音：巴　拔　把　罢　坡　婆　叵　破　猫　毛　卯　帽

（2）唇齿音：方　房　仿　放

（3）舌尖中音：低　敌　底　弟　通　同　统　捅　妞　牛　扭　拗　撩　聊　了　料

（4）舌根音：姑　骨　古　顾　科　咳　可　刻　酣　含　喊　汉

（5）舌面音：居　局　举　据　青　情　请　庆　香　降　想　象

（6）翘舌音：知　职　止　至　称　成　逞　秤　申　神　沈　甚　如　乳　入

（7）平舌音：作　昨　左　做　猜　才　采　菜　虽　随　髓　岁

（8）开口音：掰　白　摆　败　抛　刨　跑　抱　飞　肥　匪　费　陵　楼　篓　漏

（9）齐齿音：家　夹　甲　架　亲　勤　寝　沁　些　斜　写　溯　联　脸　炼

（10）合口音：创　窗　床　闯　蛙　娃　瓦　袜　欢　还　缓　幻　乖　拐　怪

（11）撮口音：薛　学　雪　穴　晕　云　允　运　圈　全　犬　劝

2. 两字词声调

要求阴平平稳、气势平均不紧张；阳平用气弱起逐渐强；上声降时气稳扬时强；去声强起到弱气通畅。

（1）阴阴：参加　西安　播音　工兵　拥军　丰收　香蕉　江山　咖啡　班车　单一　发声

（2）阴阳：资源　坚决　鲜明　飘扬　新闻　编排　发言　加强　星球　中国　签名　安全

（3）阴上：批准　发展　班长　听讲　灯塔　生产　艰苦　歌舞　公款　签署　根本　方法

（4）阴去：庄重　播送　音乐　规范　通信　飞快　单位　希望　欢乐　中外　失事　加快

（5）阳阴：国歌　联欢　革新　南方　群居　农村　长江　航空　围巾　营私　原封　图书

（6）阳阳：直达　滑翔　儿童　团结　人民　模型　联合　驰名　临时　吉祥　灵活　豪华

（7）阳上：华北　黄海　遥远　泉水　勤恳　民主　情感　描写　难免　迷惘　平坦　旋转

（8）阳去：豪迈　辽阔　模范　林业　盘踞　局势　革命　同志　局势　雄厚　行政　球赛

（9）上阴：指标　统一　转播　北京　纺织　整装　掌声　法医　演出　广播　讲师　取消

（10）上阳：指南　普及　反常　谴责　讲完　朗读　考察　里程　起航　软席　领衔

党员

（11）上上：古典　北海　领导　鼓掌　广场　展览　友好　导演　首长　总理　感想　理想

（12）上去：改造　舞剧　主要　访问　考试　想象　土地　广大　写作　典范　选派　讲课

（13）去阴：下乡　矿工　象征　地方　贵宾　列车　卫星　认真　降低　特征　印刷　气温

（14）去阳：自然　化学　措辞　特别　电台　会谈　政权　配合　未来　要闻　调查　辨别

（15）去上：耐久　剧本　跳伞　下雨　运转　外语　办法　信仰　戏曲　电影　历史　探险

（16）去去：日月　大厦　破例　庆贺　宴会　画像　示范　大会　快报　致意　建造　干部

3. 四字词声调

通过这个练习，可以锻炼灵活运用四声正音的技巧。读的时候，气息要控制好，放开声一口气很通畅地发出来。

中国伟大　山河美丽　天然宝藏　资源满地　阶级友爱　中流砥柱　工农子弟

千锤百炼　身强体健　精神百倍　心明眼亮　光明磊落　山明水秀　花红柳绿

开渠引灌　风调雨顺　阴阳上去　非常好记　高扬转降　区别起落

4. 声调综合练习

咬住字头，出字有力，拉开字腹，收住字尾。声调准确，用气均匀连贯，用声刚柔相济。注意声传情、情带声、情运气、气生情。最后达到情、声、气完美结合，协调一致。

（1）阴平声练习：阴平声一开始是 5 度，然后维持不变，保持一条横线。如果是两个阴平声连在一起，念时稍把前一个降一点，后边的不变，保持 5 度。

飒飒西风满院栽，蕊寒香冷蝶难来。他年我若为青帝，报与桃花一处开。

日照香炉生紫烟，遥看瀑布挂前川。飞流直下三千尺，疑是银河落九天。

（2）阳平声练习：阳平声开始在 3 度，滑动直线上移，如果两个阳平声相连要注意前边一个不能弯曲。

白日依山尽，黄河入海流，欲穷千里目，更上一层楼。

故人西辞黄鹤楼，烟花三月下扬州。孤帆心影碧空尽，惟见长江天际流。

（3）上声练习：上声开始是 2 度，向下滑动到 1 度，接着从 1 度折转滑向 4 度。它是个降升调。念时注意首先要下到底，然后折转直升到 4 度。如果两个上声相接，按上声变调处理。

春眠不觉晓，处处闻啼鸟。夜来风雨声，花落知多少。

金蝉操琴蝴蝶舞，青蛙蝈蝈敲锣鼓，农村八月多欢乐，满场满院堆五谷。

（4）去声练习：一开始 5 度，然后下滑降到最低 1 度。普通话里叫全降调。如果两个去声相连，前一个去声可以不降到 1 度，但后一个必须到 1 度。

宁化、清流、归化，路隘林深苔滑，今日向何方？直指五夷山下。山下山下，风展红旗如画。

（5）四声歌：

学好声韵辨四声，阴阳上去要分明。部位方法要找准，开齐合撮属口形。

双唇班报必百波，舌面积结教坚精。翘舌主争真知道，平舌资则早在增。

擦音发翻飞分复，送气查柴产彻称。合口呼午枯胡古，开口呼坡歌安康。

撮口虚学寻徐剧，齐齿衣优摇业英。前鼻恩因烟弯稳，后鼻昂迎中拥生。

咬紧字头归字尾，阴阳上去记变声。循序渐进坚持练，不难达到纯和清。

第三节　口语表达练习

在口语表达中，尤其是在面对观众的公共场合，经常会遇到这样的情况：脑子里已经有了要说的内容，但真正说起来却结结巴巴，不仅语句不连贯，还会语句不完整。这就是我们所说的语流不畅。表达能力不强而又缺乏训练的人，在语出于口的瞬间，如果语言知觉迟钝、内部语言编码不顺、言语表达定势没有形成、动态语境适应力薄弱，说话时就容易出现吞吞吐吐、前后脱节、说半句话、说“车轱辘话”的情况。这些情况经过训练时可以加以矫正的。

口语的流畅表达训练中，首先要解决的是克服心理紧张、焦虑的情绪。在练习中我们经常会碰到这些情况，如由于紧张和恐惧心理作怪，一份背得滚瓜烂熟的讲解稿，一旦当我们面对观众进行表达时，大脑就变成一片空白，有时候还会出现记忆前后颠倒，记忆的语句不完整的情况。这个时候，你会发现，越急就越空白、越急就越混乱。反之，“冷静”则可以帮助你找到替代的“被忘记的语句”，顺利地把“遗忘的部分”圆过去。

当你碰到这个问题时，可以尝试以下办法：

（1）稳定心态。说话前使自己处于放松的愉悦状态，如听听音乐、聊聊天，转移“兴奋点”，调节心绪。

（2）放松情绪。登台前，能否成功，情绪决定一切。可以尝试用深呼吸，来减缓心跳节奏，放松紧张情绪。

（3）专心致志。一心一意投入解说中，不要分心去想“轰动效应”、“冷场该怎么办”等。只有围绕你的产品进行讲解，才会有效地控制场面。

（4）灵活应对。如果出现口误或者讲错的情况，切莫产生情绪波动。如果预感要“卡壳”，可以超前减速，插入几句相关之语，力争绕过暗礁；也可以冻结“忘点”小跨度超越，想起来之后再回过来补述。如果脑子里的记忆全乱了，就要当机立断，丢掉原来的框架，减慢语速，重新组织表达。

另外，在口语表达的训练中还需要注意：对于事先准备好的解说稿，你不可能完全一字不差地进行复述。在复述时，应注重对现有材料的理解、加工，或详细、或简要、或渗透自己的体验和想象。做到通读全文、理解大意、强记要点、化为自己的语言。

练习一　看图说话

（1）根据看到的图片（可以选择风景、人物、事件等内容的图片），要求立即说出所看到的内容，讲得越细致越好，越清晰越好。

（2）能够很好地完成一幅图片的描述之后，可以增加练习难度。给练习者看一组图片，或者一段视频，然后立即要求其进行描述。描述的语言要求有条理性、语句连贯完整。

练习二　丰富语汇的练习

几个练习者围坐成一圈，按要求每人说一个词语，依次轮回进行。如：

（1）用“ABB”的形式来表达“笑”，即“笑眯眯、笑呵呵、笑哈哈、喜滋滋、喜洋洋、乐呵呵、乐融融、乐陶陶、乐颠颠、兴冲冲……”

（2）包含“看”的意思的二字单词，即“观察、监视、眺望……”

（3）首字为数字的成语，即“一步登天、二龙戏珠、三阳开泰……”

（4）包含“不”的成语，即“美不胜收、乐不思蜀、贪心不足……”

（5）首尾相接的成语，即“自食其力、力挽狂澜……”

练习三　模仿复述

通过模仿接受示范的信息，在经过复述练习，提高自己口语表达的意识和能力。看完一篇材料或文章后，进行提纲式复述，也可以就文章中最感兴趣的部分进行细节复述；最后，对全部内容进行完整复述。复述的材料除书面材料外，还可以借助录音、广播、电视、讲故事所提供的材料进行模仿式复述，例如，选择几段精彩的演讲、朗诵或是播放录音反复听，从重音、停顿、语调、节奏和语音的运用等各个方面充分感受、反复琢磨，并跟随练习。这样“耳听嘴跟”地练习一个时期，你的口语表达就能变得流畅、生动了。

练习四　阐述练习

列出几件你赞成或反对的事，然后依次说出赞成或反对的理由。如果想要认真扎实地选择，请把理由由浅入深地写下来，而且尽可能多写几条。整理好后背诵下来，最后口头阐述出来。这种训练可以使练习者具备快速捕捉、提炼陈述要点，在最短的时间过滤、浓缩讲话，并有快速斟酌表述语言的能力。

练习五　讲演练习

讲演是一种练习口才的重要而有效的方式。演讲练习最好是事先写好稿子，然后像朗诵一样在口头表达上反复推敲，最后利用一切可能的机会当众脱稿演讲。如朋友聚会致辞、开会发言、主持仪式等，就可以当做演讲练习去做准备。这样既可以促进练习，又能发挥口语训练的实际作用。

第四节　品牌介绍练习

作为某一个品牌的商展模特，产品的性能、特点是品牌介绍的核心内容。在进行解说准备时，不仅要了解自己将要服务的品牌的定位，还要了解将要介绍的产品特点、性能、功能、使用方法、专业术语等。在介绍时要注意以下几个问题：

（1）当自己服务的产品具有绝对优势时，不能使用贬低其他品牌产品的语言。

（2）当自己服务的产品不占优势时，应该注意“扬长避短”，巧妙地避开敏感话题，找到其他的亮点或特色进行宣传。

（3）在准备解说词时，要注意整理顾客最关心的问题、内行最关心的问题、外行最关心的问题，然后针对该次活动的客户群特点来撰写解说词。

（4）在介绍产品时，除了介绍基本情况和使用方法外，还可以附带介绍一些自己对该商品的了解，以引起客户的兴趣。对于比较内行的客户，关键是讲述简介和说明书中一些重要的技术数据。

（5）介绍产品时，应该抓住重点，语速缓慢，语尾声音要清晰，使听众能够有足够时间对专业术语进行理解。

产品解说词范例一

产品：温乐康电热毯

在寒冷的冬夜，如何才能拥有温暖的睡眠？

温乐康电热毯作为一种节能、环保、安全、时尚的取暖用品，走进了千家万户，为众多消费者带来温暖如春的呵护。

温乐康电热毯有六大优势：

优势之一——专利技术，超低电压，不怕触电。

跟其他电热毯最显著的不同是，它是一款低于 24 伏直流电的电热毯，可以大大降低电磁辐射。不怕漏电，不怕湿水。现在让我们来做个试验，大家请看：

电热毯安全的核心部位是发热线。这是温乐康电热毯里的发热线，我们把它的外皮剥开，露出了里面的金属丝，你可以随便用手去触摸它。在通电状态中，人体无任何感觉，超低电压，百分之百安全。

优势之二——不怕漏电，不怕湿水。

即使把它放进水里也没关系。不怕湿水，不会漏电。特别适合有婴幼儿的家庭，即使宝宝尿床，也不会带来任何安全隐患。

优势之三——健康，来自每个细节。

温乐康电热毯，还有一个别的电热毯不具备的优点：由于独特的低压恒温功能，能最大限度地降低人体睡眠时的水分流失；即使睡上一夜，第二天起床皮肤也不会干燥，依然保持着身体的最佳状态。在寒冷干燥的冬季，对注重肌肤养护的女士们来说，无疑是一道福音。如果患有风湿、关节炎等病症，温乐康电热毯由于温度适中恒久保暖，还能有效缓解疲劳，促进血液循环，明显减轻疼痛。是儿女孝敬父母的理想选择。

优势之四——毯体全面保护，让您高枕无忧。

温乐康电热毯采用特殊面料，用起来柔软舒适更体贴；毯体全面保护，让您高枕无忧，尤其对皮肤容易过敏的人，更适合。

优势之五——可手洗，可任意折叠。

温乐康电热毯不仅好用，而且打理方便。由于不怕水，可以用手洗。夏天不用时，可随意折叠，因为它里面的发热线，采用了特殊抗拉扯材料，经过数万次抗拉扯实验，无论你怎么用力拉扯，都不会折断。

优势之六——人性化设计，更节能。

产品设计以人为本，处处体现人性化。在头部这个区域，有意去除了发热线，这样会让你睡起来更香甜，不会因头部下面发热而产生焦躁的情绪。温乐康电热毯温控器采用智能芯片控制，有 25 摄氏度、30 摄氏度、50 摄氏度三个档，可以像使用空调一样随意调节，一旦锁定就会保持恒温不变。你可能猜不到，温乐康电热毯，使用一星期，才消耗一度电，真正做到了绿色环保，节能低碳。

温乐康电热毯，冬天有你才温暖！

东莞温乐康电热毯有限公司，还同步推出了一系列满足消费者不同需求的各类专利产品。有安全低压电暖床垫，USB 暖脚宝宝，USB 暖座宝宝；脸康宝，乳康宝，腹康宝，手康宝，膝康宝，足康宝，电热保暖衣等。

科技改变生活。东莞温乐康电热毯有限公司将以科技为先导，将不断为消费者制造安全、环保、时尚、实用的产品。

产品解说词范例二

东芝领先的影像技术，缔造高品质 Qosmio 引擎，全方位提升画面品质，为您带来精致、悦目的完美影像，带给您梦幻般的影音饕餮大餐。双核移动处理器为您的笔记本注入强劲动力，双硬盘存储拥有更广阔的海量存储空间，双安全级别指纹识别器，层层保护，安全可靠。东芝 Qosmio F30 开创巅峰级的宽银幕视界新纪元！

Portege M500 作为东芝首款 12 英寸宽屏笔记本电脑，Portege M500 在多彩的外表之下更能带来多重惊喜！ 1.9 千克的轻量机身，预装正版 Windows Vista 操作系统。窗体顶端内置 0.95 厘米超薄 DVD SuperMulti 刻录光驱，16：10 超宽比例加之超显亮技术，令画面更加细腻绚丽而打动人心！ Portege M500 同时提供键盘防泼水与 1 米抗摔耐震性能集成指纹传感器，确保用户信息的安全。新内设三维加速度感应器更可灵敏感知机器震动、保护硬盘、随时防止信息遗失。

Portege M500，兼顾时尚与安全性能，新商务机型的又一典范！

东芝笔记本电脑将引领您的移动商务步入一个安全无忧的全新空间！

Portege R200，超越以往的轻薄魅力。

东芝 Portege R200 全新演绎极致轻薄！更轻、更薄的精悍机身，将一种零负担的移动生活带到你身旁。镁铝合金的精致外观，融尊贵与力度为一体。完美诠释前所未有的轻薄美学。先行一步的高性能配备，更助您彰显敏锐矫健的睿智风度！

轻薄，是一种时尚的态度。

坚毅，是一种成就未来的非凡气度。

睿智追求，趣意享受，东芝 portege R200，带您步入智趣人生！

Satellite M100，采用新一代英特尔迅驰™移动计算技术 NAPA 平台，预装正版 Windows Vista 操作系统，全面提升整机性能，带来令人震撼的媒体体验。集成指纹传感器柔滑舒畅，充分保护您的隐私与数据安全。超宽 14 英寸高亮炫彩屏，完美的纵横比例，您的视野从此豁然开朗。惊人的 3D 图形处理能力，令画面显示无比清晰流畅。快速媒体播放按键组，只需轻松按键，您就能快速步入心仪已久的精彩影音天地。

Satellite A100，在以性价比著称的 Satellite 系列中，Satellite A100 独树一帜、匠心独具。以其华丽而逼真的影音表现力而堪称“平民中的影音之王”！超宽比例（16：10）的 15.4 英寸炫彩屏，革命性的英特尔迅驰移动计算技术 NAPA 平台，新增键盘防液体溅落保护层带来全面安全保障！Lux Pad 易点通触摸板触手即达，流线型的面板、恰到好处的功能键位、触手细腻平滑，平添细致与尊贵的满足感。Satellite A100 通过对高端应用方面质的突破，带来令人震撼的媒体体验。

全心预装正版 Windows Vista 操作系统的东芝笔记本电脑，更为您缔造极致纯粹的缤纷享乐世界！是完美影音与超高性能的绝佳结合！

参考文献

[1] 徐青青.服装表演　策划　训练［M］.北京：中国纺织出版社,2006.

[2] 张宏,滴妮.影视表演艺术——创作理论与实用教程［M］.北京：中国传媒大学出版社，2010.

[3] 梁伯龙，李月.戏剧表演艺术［M］.北京：高等教育出版社，2004.

[4] 皇甫菊含.时装表演教程［M］.南京：江苏美术出版社.1999.

[5] 徐宏力，吕国琼.模特表演教程［M］.北京：中国纺织出版社,2000.

[6] 张舰.模特手册——做个成功的职业模特［M］.北京：中国摄影出版社,2005.

[7] 郭佳岚，常会.成为超模——超级模特入门手册［M］.北京：中国纺织出版社,2006.

[8] 王涛.服装模特［M］.北京：中国劳动社会保障出版社,2007.

[9] 应天常，王婷.主持人即兴口语训练［M］.北京：中国传媒大学出版社，2009.

[10] 陈虹.礼仪主持人［M］.北京：中国劳动社会保障出版社，2008.